16G101图集问答丛书

16G101图集应用问答
——独立基础·条形基础·筏形基础·桩基础

栾怀军　主编

中国建筑工业出版社

图书在版编目(CIP)数据

16G101 图集应用问答——独立基础·条形基础·筏形基础·桩基础/栾怀军主编. 一北京：中国建筑工业出版社，2016.10
(16G101 图集问答丛书)
ISBN 978-7-112-20009-2

Ⅰ.①1… Ⅱ.①栾… Ⅲ.①混凝土结构-建筑制图-问题解答 Ⅳ.①TU204-44

中国版本图书馆 CIP 数据核字(2016)第 253434 号

本书根据《混凝土结构施工图平面整体表示方法制图规则和构造详图（独立基础、条形基础、筏形基础、桩基础）》（16G101-3）、《中国地震动参数区划图》（GB 18306—2015）、《混凝土结构设计规范（2015 年版）》（GB 50010—2010）、《建筑抗震设计规范》（GB 50011—2010）、《建筑地基基础设计规范》（GB 50007—2011）、《建筑结构制图标准》（GB/T 50105—2010）、《地下工程防水技术规范》（GB 50108—2008）、《高层建筑混凝土结构技术规程》（JGJ 3—2010）、《建筑桩基技术规范》（JGJ 94—2008）等标准编写，结合工程实际应用，以平法制图规则为基础，并通过问答的形式全面介绍了独立基础、条形基础、筏形基础、桩基础的各类钢筋在实际工程中的识图和计算。本书内容丰富，通俗浅显，准确到位，易学习、易掌握、易实施，能极大地提高读者对平法知识的理解和运用水平。主要内容包括：基础知识、独立基础、条形基础、筏形基础、桩基础、基础相关构造。

本书可供设计人员、施工技术人员、工程造价人员以及相关专业的师生学习参考。

责任编辑：郭　栋
责任校对：焦　乐　刘梦然

16G101 图集问答丛书
16G101 图集应用问答——独立基础·条形基础·筏形基础·桩基础
栾怀军　主编
*
中国建筑工业出版社出版、发行（北京西郊百万庄）
各地新华书店、建筑书店经销
北京科地亚盟排版公司制版
环球东方（北京）印务有限公司印刷
*
开本：787×1092 毫米　1/16　印张：9¼　字数：228 千字
2016 年 12 月第一版　2017 年 12 月第二次印刷
定价：**29.00** 元
ISBN 978-7-112-20009-2
(29491)

版权所有　翻印必究
如有印装质量问题，可寄本社退换
（邮政编码 100037）

编 委 会

主　编　栾怀军

参　编（按姓氏笔画排序）

于　涛　王红微　邢丽娟　刘　培

刘艳君　齐丽娜　孙石春　孙丽娜

李　东　李　瑞　何　萍　何　影

张　彤　张　楠　张黎黎　董　慧

前　言

“平法”就是混凝土结构施工图平面整体表示方法，是国家科委与住房和城乡建设部列为国家级推广的重点科技成果，是对我国混凝土结构施工图的设计表示方法的重大改革，它推行设计表示方法的标准化和节点构造的标准化，从而简化了设计。平法钢筋等技术发展很快，规范也进行了大范围的更新。其中，G101 系列国标图集是结构设计、施工、监理等相关从业人员从事专业工作必不可少、使用频率最高的图集。在全国建筑行业内应用广泛，极具影响力。G101 系列国标图集已全面修编，16G101 系列图集于 2016 年 9 月出版上市。随着平法的不断推陈出新，也要求我们在对平法深刻理解的基础上不断学习和应用新的理论和技术。在理论与实践相结合的过程中，疑问和不解也在不断地产生，针对这种情况我们组织编写了这本书。

本书根据《混凝土结构施工图平面整体表示方法制图规则和构造详图（独立基础、条形基础、筏形基础、桩基础）》（16G101-3）、《中国地震动参数区划图》（GB 18306—2015）、《混凝土结构设计规范（2015 年版）》（GB 50010—2010）、《建筑抗震设计规范》（GB 50011—2010）、《建筑地基基础设计规范》（GB 50007—2011）、《建筑结构制图标准》（GB/T 50105—2010）、《地下工程防水技术规范》（GB 50108—2008）、《高层建筑混凝土结构技术规程》（JGJ 3—2010）、《建筑桩基技术规范》（JGJ 94—2008）等标准编写，结合工程实际应用，以平法制图规则为基础，并通过问答的形式全面介绍了独立基础、条形基础、筏形基础、桩基础的各类钢筋在实际工程中的识图和计算。本书内容丰富，通俗浅显，准确到位，易学习、易掌握、易实施，能极大地提高读者对平法知识的理解和运用水平。主要内容包括：基础知识、独立基础、条形基础、筏形基础、桩基础、基础相关构造。本书可供设计人员、施工技术人员、工程造价人员以及相关专业的师生学习参考。

由于编写时间仓促，编写经验、理论水平有限，难免有疏漏、不足之处，敬请读者批评指正。

目　　录

第1章　基础知识

1.1　平法基础知识

1. 什么是平法?

平法是“混凝土结构施工图平面整体表示方法制图规则和构造详图”的简称，是对结构设计技术方法理论化、系统化，是对传统设计方法的一次深刻变革。其主要内容包括制图规则和构造详图两大部分，就是把结构构件的尺寸和配筋等，按照平面整体表示方法制图规则，整体直接表达在各类构件的结构平面布置图上，再与标准构造详图相配合，即构成一套新型完整的结构设计。其具体做法是把钢筋直接表示在结构平面图上，并附之各种节点构造详图，这样一来，设计师可以用较少的元素，准确地表达丰富的设计意图，不仅减少了图纸的数量，也有利于施工设计人员识图、记忆、查找、校对、审核、验收。

平法将结构设计分为创造性设计内容与重复性（非创造性）设计内容两部分。创造性的设计内容即设计师采用制图规则中标准符号、数字来体现他的设计内容。重复性通用性设计内容即传统设计中大量重复表达的内容，如节点详图、搭接与锚固值、加密范围等。将重复性设计内容部分（主要是节点构造和构件构造）以“广义标准化方式”编制成国家建筑标准构造设计，符合现阶段的中国国情，这也是平法的主要内容。

2. 为什么使用平法?

我国幅员辽阔，随着市场经济的飞速发展，地区界限已经渐渐模糊。为适应市场经济的需要，混凝土结构设计需要有统一的制图规则，以便消除地区差别。而平法就是全国范围使用各地都能够接受的结构工程师语言。规范使用平法设计制图规则的目的，是为了“保证各地按平法绘制的施工图标准统一，确保设计质量和设计图纸在全国流通使用”。

3. 16G101与11G101图集有哪些区别?

（1）制图规则变化

1）取消了原11G101-3图集中的总说明第2条的平法系列图集包括的内容。

2）增加了第3条中的设计依据的规范：《中国地震动参数区划图》（GB 18306—2015），调整了两本规范依据的版本，新增了当依据的标准进行修订或者有新的标准出版实施时，图集与规范标准不符的内容、限制或淘汰的技术产品，视为无效。

3）总说明第4条和第5条以及总则1.0.2条、1.0.6条中将桩基承台调整成桩基础，为灌注桩的加入铺平道路。

4）总说明第 10 条是新增的内容。

5）第 1.0.8 条中删除了“为施工方便，应将统一的结构层楼（地）面标高与结构层高分别注写在基础、柱、墙、梁等各类构件的平法施工图中”这句话。

6）第 1.0.9 条第 5 款中“例如”后面的内容做了调整。

7）第 1.0.12 条内容做了调整。删除了“本图集基础自身的钢筋连接和锚固基本上均按非抗震处理”这句话。

8）第 2.3.2 条的第 3 款注写独立基础配筋（必注内容）的第 2 点中的两个举例中，增加了“(本图只表示钢筋网)”。删除了“注：高杯口独立基础应配置顶部钢筋网；非高杯口独立基础是否配置，应根据具体工程情况确定”这句话。第 3 点中，注写规则进行了调整。第 4 点中，将“独立深基础短柱”改为“独立基础短柱”，删除了一个“深”字。

9）第 2.3.3 条中，“设置短柱”改为“带短柱”。第 2 款中，“t_i 为杯壁厚度”改为“t_i 为杯壁上口厚度，下口厚度为 t_i+25”，强调了杯壁下口厚度与上口不同。“设计时应注意”中，删掉了“采用双比例”。

10）第 2.3.5 条中“杯壁外侧”改为“短柱”；删掉了“非高”二字。

11）第 2.3.6 条第 1 款中，增加了“以大写字母 T 打头”。

12）表 2.4.3-2 中，“杯壁外侧配筋（O）”改为“短柱配筋（O）”；“杯口箍筋/短柱箍筋”改为“杯口壁箍筋/其他部位箍筋”。并新增了 2 条注解。

13）第 3.3.1 条新增了“当集中标注的某项数值不适用于基础梁的某部位时，则将该项数值采用原位标注，施工时，原位标注优先”这句话。

14）第 3.3.2 条第 2 款中“加腋梁”改为“竖向加腋梁”。第 3 款第 2 点注写基础梁底部、顶部和侧面纵向钢筋的例子中，删除了例子后面的 2 条注解。新增了抗扭纵向钢筋的注写内容和例子。

15）第 3.3.3 条对底筋的描述做了调整，新增了第 5 点。“设计时应注意”中，“底部一平”的定义做了调整。

16）第 3.4.2 条、第 4.4.2 条由原来的“$12d$”改为“$12d$ 或 $15d$”。

17）第 3.6.3 条第 1 款中“加腋”改为“竖向加腋”，并在第 2 点后增加了“其中 c_1 为腋长，c_2 为腋高”这句话。

18）第 4.1.2 条增加了“梁板式筏形基础以多数相同的基础平板底面标高作为基础底面基准标高”这句话。

19）第 4.3.1 条增加了“当集中标注口的某项数值不适用于梁的某部位时，则将该项数值采用原位标注，施工时，原位标注优先”这句话。

20）第 4.3.2 条第 2 款中“加腋”改为“竖向加腋”。第 3 款第 2 点注写基础梁底部、顶部和侧面纵向钢筋的例子中，删除了例子后面的 2 条注解。

21）第 4.3.3 条第 1 款对“梁支座的底部纵筋”的定义做了调整。

22）第 4.5.1 条“板底部与顶部贯通纵筋的集中标注与板底部附加非贯通纵筋的原位标注”简略为“集中标注与原位标注”，删掉了“当仅设置贯通纵筋而未设置附加非贯通纵筋时，则仅做集中标注”这句话。

23）第 4.5.2 条第 3 款中，“注写基础平板的底部与顶部贯通纵筋及其总长度”改为

“注写基础平板的底部与顶部贯通纵筋及其跨数及外伸情况”；“及纵向长度范围”改为“及其跨数及外伸情况”；“贯通纵筋的总长度”改为“贯通纵筋的跨数及外伸情况”；例子中“纵向总长度为”改为“共”。

24）第 4.5.3 条第 1 款注下“板底部附加非贯通纵筋向两边跨内的伸出长度值注写在线段的下方位置”改为“板底部附加非贯通纵筋自支座口线向两边跨内的伸出长度值注写在线段的下方位置”。

25）第 4.6.2 条“当在板的分布范围内采用拉筋时”改为“板的上、下部纵筋之间设置拉筋时”。

26）第 5.2.1 条增加“平板式筏形基础的平面注写表达方式有两种”。

27）第 5.3.1 条“板底部与顶部贯通纵筋的集中标注与板底部附加非贯通纵筋的原位标注”简略为“集中标注与原位标注”。

28）第 5.3.2 条第 3 款注写底部与顶部贯通纵筋的例子里，删除了后面的两条注解内容。

29）第 5.4.1 条“板底部与顶部贯通纵筋的集中标注与板底部附加非贯通纵筋的原位标注”简略为“集中标注与原位标注”，删掉了“当仅设置贯通纵筋而未设置附加非贯通纵筋时，则仅做集中标注”这句话。

30）第 5.5.2 条删除了第 4 款内容；第 7 款中“当在板的分布范围内采用拉筋时”改为“板的上、下部纵之间设置拉筋时”。

31）新增了“6.1 灌注桩平法施工图的表示方法”、“6.2 列表注写方式”和“6.3 平面注写方式”。

32）第 6.3.2 条第 3 款第 4、5 点后增加“不设分布钢筋时可不注写”这句话。第 5 款取消了例子。

33）第 6.4.3 条删掉了第 2 款的内容。

34）表 7.1.1 新增了防水板这一构造。表下注 2 内容做了相应的调整。

35）第 7.2.2 条“贯通留筋（代号 GT），100%搭接留筋（代号 100%）”简略为“贯通和 100%搭接”。

36）第 7.2.3 条原分两行注写使用反斜线的，调整为使用斜线。删除了“当为非抗震设计，且采用素混凝土上柱墩时，则不注配筋”这句话。

37）第 7.2.4 条原注写使用反斜线，调整为使用斜线。

38）新增 7.2.7 条防水板 FBPB 平面注写集中标注。

（2）受拉钢筋锚固长度等一般构造变化

1）混凝土结构的环境类别和混凝土保护层的最小厚度到了构造图集的首页位置。

2）混凝土保护层的最小厚度表做了调整。混凝土保护层的最小厚度现在根据基础构件类型来量身定位。

3）原受拉钢筋基本锚固长度表拆分为受拉钢筋基本锚固长度表、抗震设计时受拉钢筋基本锚固长度表、受拉钢筋锚固长度表、受拉钢筋抗震锚固长度表四个表格。取消了原来的非抗震等级的锚固长度。取消了受拉钢筋锚固长度修正系数表的内容。增加了钢筋弯折的弯弧内直径的相关内容。

4）取消了原来的纵向受拉钢筋绑扎搭接长度表和纵向受拉钢筋搭接长度修正系数表，

取而代之的是纵向受拉钢筋搭接长度表和纵向受拉钢筋抗震搭接长度 2 个大表格。

5）第 60 页删除了受拉钢筋绑扎搭接长度及搭接修正系数表，将原图集第 55 页纵向受力钢筋搭接区箍筋构造移到了本页位置。

6）第 63 页封闭箍筋及拉筋弯钩构造标题下的注写内容发生变化。取消了“当构件受扭或柱中全部纵向受力钢筋的配筋率大于 3%”这一前提条件。

7）第 64 页名称改为“墙身竖向分布钢筋在基础中构造”，将原来的 4 个剖面图做了调整。将其中的判断条件改为中文描述。剖面图的代号也做了调整。注 5 中取消了“括号内数据用于非抗震设计”。

8）第 66 页名称改为“柱纵向钢筋在基础中构造”，将 1 号详图的伸入基础构件的直线段长度增加了$\geqslant 20d$ 的条件。注 4 内容也改变了。

（3）构件标准构造详图变化

本图集的标准构造部分新增了第 65 页边缘构件纵向钢筋在基础中的构造，第 77 页条形基础底板配筋构造（二），第 99 页双柱联合承台底部和顶部联合构造，第 102～104 页的有关灌注桩的配筋构造。

1）独立基础变化的点

① 第 68 页“双柱独立基础底部和顶部配筋构造”将原图集的“ex'”改为“ey”。

② 第 69 页“设置基础梁的双柱普通独立基础配筋构造”下图将原图集的“50”改为“$\leqslant s'/2$”。

③ 第 72 页名称改为“高杯口独立基础配筋构造”，新增加了 2-2 剖面图。将“杯口范围内箍筋间距”改为“杯口壁内箍筋”，将“杯口范围以外箍筋间距”改为“短柱其他部位箍筋”。原 1-1、2-2 剖面图口引出的标注内容也做了变动。

④ 第 73 页名称改为“双高杯口独立基础配筋构造”，新增加了 2-2 剖面图。在引出的标注中“ϕ12@200（中间杯壁构造钢筋）”后新增“当为 HPB300 级时，末端应加弯钩”。将“杯口范围以外箍筋间距”改为“短柱其他部位箍筋”。原 1-1、2-2 剖面图口引出的标注内容也做了变动。

⑤ 第 74 页名称改为“单柱带短柱独立基础配筋构造”，注 1、3 中“独立深基础”改为“带短柱独立基础”。

⑥ 第 75 页名称改为“双柱带短柱独立基础配筋构造”，注 1、3 中“独立深基础”改为“带短柱独立基础”。

2）条形基础变化的点

① 第 76 页名称改为“条形基础底板配筋构造（一）”。在构造图中新增了基础梁和分布钢筋等引出标注。将原图集的十字交接基础底板和转角梁板端部均有纵向延伸两个构造图合二为一。新增了坡形截面 TJB_P 的引出标注。

② 第 78 页，原图集“条形基础底板板底不平构造（一）”改为“柱下条形基础底板板底不平构造（板底高差坡度 α 取 45°或按设计）”。原图集“条形基础底板板底不平构造（二）”改为“墙下条形基础底板板底不平构造（一）”。新增了“墙下条形基础底板板底不平构造（二）（板底高差坡度 α 取 45°或按设计）”。

③ 第 81 页将原图集的 3 种外伸形式，调整为梁板式筏形基础梁 3 种形式和条形基础 2 种形式。并增加了从柱内侧到外伸边缘部位长度$\geqslant l_a$ 的水平标注。

④ 第 82 页“基础梁侧面构造纵筋和拉筋”新增了图二和图三两种构造。

3）筏形基础变化的点

① 第 85 页对原图集注 6 做了调整，删除了原图集中的注 8。在端部等（变）截面外伸构造图中，新增了从柱内侧到外伸边缘部位长度≥l_a 的水平标注。

② 第 89 页在端部等（变）截面外伸构造图中，新增了从柱内侧到外伸边缘部位长度≥l_a 的水平标注。对原图集注 3 做了调整，新增了注 4 的内容。

③ 第 90 页对原图集注 5 做了调整。

④ 第 91 页取消了注 2 的内容。

⑤ 第 92 页“变截面部位中层钢筋构造”中三个类型的名称调整为和“变截面部位钢筋构造”的名称相一致。

⑥ 第 93 页在“端部无外伸构造”的两个钢筋示例图中，新增了支座边缘线的标注。新增了注 3、4 两条内容。

4）桩基础变化的点

① 第 94 页将原图集“桩顶纵筋在承台内的锚固构造”移到第 104 页。

② 第 95 页新增了注 3、4 两条内容。新增三桩承台受力钢筋端部构造。

③ 第 96 页新增了注 3、4、5 三条内容。

④ 第 104 页，在原图集“桩顶纵筋在承台内的锚固构造”的基础上，新增了一种桩顶与承台的连接构造。

5）基础相关构造变化的点

① 第 105 页新增了“搁置在基础上的非框架梁”，这主要是用作撑托首层墙体或其他构件的非框架梁和基础连系梁的普通次梁。原注 2 取消，新增了 2 条内容。

② 第 106 页将附加防水层的图例做了调整，将原来的直线型改为两边坡形。

③ 第 107 页取消了后浇带 HJD 下抗水压垫层构造中的附加防水层，将它移到了基础垫层面的位置。基抗折角处宽度不再允许按对角算，统一为按水平尺寸算。

1.2 钢筋基础知识

4. 混凝土环境结构类别如何划分？

混凝土结构的环境类别划分，主要适用于混凝土结构的正常使用状态验算和耐久性规定，见表 1-1。

混凝土结构的环境类别　　表 1-1

环境类别	条　　件
一	室内干燥环境 无侵蚀性静水浸没环境
二 a	室内潮湿环境 非严寒和非寒冷地区的露天环境 非严寒和非寒冷地区与无侵蚀性的水或土壤直接接触的环境 严寒和寒冷地区的冰冻线以下与无侵蚀性的水或土壤直接接触的环境

续表

环境类别	条　件
二 b	干湿交替环境 水位频繁变动环境 严寒和寒冷地区的露天环境 严寒和寒冷地区冰冻线以上与无侵蚀性的水或土壤直接接触的环境
三 a	严寒和寒冷地区冬季水位变动区环境 受除冰盐影响环境 海风环境
三 b	盐渍土环境 受除冰盐作用环境 海岸环境
四	海水环境
五	受人为或自然的侵蚀性物质影响的环境

注：1. 室内潮湿环境是指构件表面经常处于结露或湿润状态的环境。
2. 严寒和寒冷地区的划分应符合国家现行标准《民用建筑热工设计规范》（GB 50176—1993）的有关规定。
3. 海岸环境和海风环境宜根据当地情况，考虑主导风向及结构所处迎风、背风部位等因素的影响，由调查研究和工程经验确定。
4. 受除冰盐影响环境是指受到除冰盐盐雾影响的环境；受除冰盐作用环境是指被除冰盐溶液溅射的环境以及使用除冰盐地区的洗车房、停车楼等建筑。
5. 暴露的环境是指混凝土结构表面所处的环境。

5. 不同情况下，混凝土环境类别如何采用？

以下列举的几种情况，通常需要根据混凝土结构的环境类别确定采用相关规定：

（1）当进行正常使用状态下的构件裂缝控制验算时，不同的环境类别对应有不同的裂缝控制等级及最大裂缝宽度的限值，见表 1-2。

结构构件的裂缝控制等级及最大裂缝宽度的限值　　表 1-2

环境类别	钢筋混凝土结构		预应力混凝土结构	
	裂缝控制等级	w_{lim}	裂缝控制等级	w_{lim}
一	三级	0.30（0.40）	三级	0.20
二 a		0.20		0.10
二 b			二级	—
三 a、三 b			一级	—

注：1. 对处于年平均相对湿度小于 60％地区一类环境下的受弯构件，其最大裂缝宽度限值可采用括号内的数值。
2. 在一类环境下，对钢筋混凝土屋架、托架及需作疲劳验算的吊车梁，其最大裂缝宽度限值应取为 0.20mm；对钢筋混凝土屋面梁和托梁，其最大裂缝宽度限值应取为 0.30mm。
3. 在一类环境下，对预应力混凝土屋架、托架及双向板体系，应按二级裂缝控制等级进行验算；对一类环境下的预应力混凝土屋面梁、托梁、单向板，应按表中二 a 级环境的要求进行验算；在一类和二 a 类环境下需作疲劳验算的预应力混凝土吊车梁，应按裂缝控制等级不低于二级的构件进行验算。
4. 表中规定的预应力混凝土构件的裂缝控制等级和最大裂缝宽度限值仅适用于正截面的验算；预应力混凝土构件的斜截面裂缝控制验算应符合《混凝土结构设计规范》（GB 50010—2010）第 7 章的有关规定。
5. 对于烟囱、筒仓和处于液体压力下的结构，其裂缝控制要求应符合专门标准的有关规定。
6. 对于处于四、五类环境下的结构构件，其裂缝控制要求应符合专门标准的有关规定。
7. 表中的最大裂缝宽度限值为用于验算荷载作用引起的最大裂缝宽度。

（2）设计使用年限为 50 年的结构混凝土耐久性的基本要求，根据不同的环境类别应符合有关规定，见表1-3。

结构混凝土材料的耐久性基本要求 **表1-3**

环境等级	最大水胶比	最低强度等级	最大氯离子含量（%）	最大碱含量/（kg/m^3）
一	0.60	C20	0.30	不限制
二a	0.55	C25	0.20	3.0
二b	0.50（0.55）	C30（C25）	0.15	
三a	0.45（0.50）	C35（C30）	0.15	
三b	0.40	C40	0.10	

注：1. 氯离子含量系指其占胶凝材料总量的百分比。
2. 预应力构件混凝土中的最大氯离子含量为0.06%；其最低混凝土强度等级宜按表中的规定提高两个等级。
3. 素混凝土构件的水胶比及最低强度等级的要求可适当放松。
4. 有可靠工程经验时，二类环境中的最低混凝土结构等级可降低一个等级。
5. 处于严寒和寒冷地区二b、三a类环境中的混凝土应使用引气剂，并可采用括号中的有关参数。
6. 当使用非碱活性骨料时，对混凝土中的碱含量可不作限制。

设计使用年限为100年的结构混凝土耐久性的基本要求，根据不同的环境类别所应符合规范的有关规定参见《混凝土结构设计规范》（GB 50010—2010）第3.5节。各类构件受力钢筋的混凝土保护层最小厚度取值，根据构件所处的环境类别有所不同。

6. 混凝土保护层有哪些作用？

混凝土结构中，钢筋并不外露而被包裹在混凝土里面。由钢筋外边缘到混凝土表面的最小距离称为保护层厚度。保护层厚度的规定是为了满足结构构件的耐久性要求和对受力钢筋有效锚固的要求，混凝土保护层的作用主要体现在：

（1）钢筋与混凝土之间的粘结锚固

混凝土结构中钢筋能够受力是由于其与周围混凝土之间的粘结锚固作用。受力钢筋与混凝土之间的咬合作用是构成粘结锚固的主要成分，这很大程度上取决于混凝土保护层的厚度，混凝土保护层越厚，则粘结锚固作用越大。

（2）保护钢筋免遭锈蚀

混凝土结构的突出优点是耐久性好。这是由于混凝土的碱性环境使包裹在其中的钢筋表面形成钝化膜而不易锈蚀。但是，碳化和脱钝会影响这种耐久性而使钢筋遭受锈蚀。碳化的时间与混凝土的保护层厚度有关，因此一定的混凝土保护层厚度是保证结构耐久性的必要条件。

（3）对构件受力有效高度的影响

从锚固和耐久性的角度，钢筋在混凝土中的保护层厚度应该越大越好；然而，从受力的角度来讲，则正好相反。保护层厚度越大，构件截面有效高度就越小，结构构件的抗力将受到削弱。因此，确定混凝土保护层厚度应综合考虑锚固、耐久性及有效高度三个因素。在能保证锚固和耐久性的条件下，可尽量取较小的保护层厚度。

（4）保护钢筋不应受高温（火灾）影响

使结构急剧丧失承载力保护层具有一定厚度，可以使建筑物的结构在高温条件下或遇有火灾时，保护钢筋不因受到高温影响，使结构急剧丧失承载力而倒塌。因此，保护层的厚度与建筑物耐火性有关。混凝土和钢筋均属非燃烧体，以砂、石为骨料的混凝土一般可耐高温 700℃。钢筋混凝土结构都不能直接接触明火火源，应避免高温辐射，由于施工原因造成保护层过小，一旦建筑物发生火灾，会造成对建筑物耐火等级或耐火极限的影响。这些因素在设计时均应考虑，混凝土保护层按建筑物耐火等级要求规定的厚度设计时，遇有火灾可保护结构或延缓结构倒塌时间，可为人口疏散和物资转移提供一定的缓冲时间。如保护层过小，可能会失去这个缓冲时间，造成生命、财产的更大损失。

7. 混凝土保护层最小厚度是如何规定的?

混凝土保护层的最小厚度，见表 1-4。

混凝土保护层的最小厚度（mm）　　表 1-4

环境类别	板、墙		梁、柱		基础梁（顶面和侧面）		独立基础、条形基础、筏形基础（顶面和侧面）	
	≤C25	≥C30	≤C25	≥C30	≤C25	≥C30	≤C25	≥C30
一	20	15	25	20	25	20	—	—
二 a	25	20	30	25	30	25	25	20
二 b	30	25	40	35	40	35	30	25
三 a	35	30	45	40	45	40	35	30
三 b	45	40	55	50	55	50	45	40

注：1. 表中混凝土保护层厚度指最外层钢筋外边缘至混凝土表面的距离，适用于设计使用年限为 50 年的混凝土结构。
2. 构件中受力钢筋的保护层厚度不应小于钢筋的公称直径 d。
3. 一类环境中，设计使用年限为 100 年的结构最外层钢筋的保护层厚度不应小于表中数值的 1.4 倍；二、三类环境中，设计使用年限为 100 年的结构应采取专门的有效措施。
4. 钢筋混凝土基础宜设置混凝土垫层，基础底部的钢筋的混凝土保护层厚度应从垫层顶面算起，且不应小于 40mm；无垫层时，不应小于 70mm。
5. 桩基承台及承台梁：承台底面钢筋的混凝土保护层厚度，当有混凝土垫层时，不应小于 50mm，无垫层时不应小于 70mm；此外，尚不应小于桩头嵌入承台内的长度。

8. 受拉钢筋的锚固长度如何计算?

受拉钢筋的锚固长度应根据具体锚固条件按下列公式计算，且不应小于 200mm：

$$l_a = \zeta_a l_{ab} \tag{1-1}$$

抗震锚固长度的计算公式为：

$$l_{aE} = \zeta_{aE} l_a \tag{1-2}$$

式中　l_a——受拉钢筋的锚固长度，见表 1-5；

受拉钢筋锚固长度 l_a　　表 1-5

钢筋种类	混凝土强度等级																
	C20	C25		C30		C35		C40		C45		C50		C55		≥C60	
	d≤25	d≤25	d>25	d≤25	d>25	d≤25	d>25	d≤25	d>25	d≤25	d>25	d≤25	d>25	d≤25	d>25	d≤25	d>25
HPB300	39d	34d	—	30d	—	28d	—	25d	—	24d	—	23d	—	22d	—	21d	—

续表

钢筋种类	混凝土强度等级																
	C20	C25		C30		C35		C40		C45		C50		C55		≥C60	
	d≤25	d≤25	d>25	d≤25	d>25	d≤25	d>25	d≤25	d>25	d≤25	d>25	d≤25	d>25	d≤25	d>25	d≤25	d>25
HRB335	38d	33d	—	29d	—	27d	—	25d	—	23d	—	22d	—	21d	—	21d	—
HRB400、HRBF400 RRB400	—	40d	44d	35d	39d	32d	35d	29d	32d	28d	31d	27d	30d	26d	29d	25d	28d
HRB500、HRBF500	—	48d	53d	43d	47d	39d	43d	36d	40d	34d	37d	32d	35d	31d	34d	30d	33d

l_{aE}——纵向受拉钢筋的抗震锚固长度，见表1-6；

受拉钢筋抗震锚固长度 l_{aE} **表1-6**

钢筋种类		混凝土强度等级																
		C20	C25		C30		C35		C40		C45		C50		C55		≥C60	
		d≤25	d≤25	d>25	d≤25	d>25	d≤25	d>25	d≤25	d>25	d≤25	d>25	d≤25	d>25	d≤25	d>25	d≤25	d>25
HPB300	一、二级	45d	39d	—	35d	—	32d	—	29d	—	28d	—	26d	—	25d	—	24d	—
	三级	41d	36d	—	32d	—	29d	—	26d	—	25d	—	24d	—	23d	—	22d	—
HRB335	一、二级	44d	38d	—	33d	—	31d	—	29d	—	26d	—	25d	—	24d	—	24d	—
	三级	40d	35d	—	30d	—	28d	—	26d	—	24d	—	23d	—	22d	—	22d	—
HRB400 HRBF400	一、二级	—	46d	51d	40d	45d	37d	40d	33d	37d	32d	36d	31d	35d	30d	33d	29d	32d
	三级	—	42d	46d	37d	41d	34d	37d	30d	34d	29d	33d	28d	32d	27d	30d	26d	29d
HRB500 HRBF500	一、二级	—	55d	61d	49d	54d	45d	49d	41d	46d	39d	43d	37d	40d	36d	39d	35d	38d
	三级	—	50d	56d	45d	49d	41d	45d	38d	42d	36d	39d	34d	37d	33d	36d	32d	35d

注：1. 当为环氧树脂涂层带肋钢筋时，表中数据尚应乘以1.25。
2. 当纵向受拉钢筋在施工过程中易受扰动时，表中数据尚应乘以1.1。
3. 当锚固长度范围内纵向受力钢筋周边保护层厚度为3d、5d（d为锚固钢筋的直径）时，表中数据可分别乘以0.8、0.7；中间时按内插值。
4. 当纵向受拉普通钢筋锚固长度修正系数（注1～注3）多于一项时，可按连乘计算。
5. 受拉钢筋的锚固长度 l_a、l_{aE}计算值不应小于200mm。
6. 四级抗震时，$l_{aE}=l_a$。
7. 当锚固钢筋的保护层厚度不大于5d时，锚固钢筋长度范围内应设置横向构造钢筋，其直径不应小于$d/4$（d为锚固钢筋的最大直径）；对梁、柱等构件间距不应大于5d，对板、墙等构件间距不应大于10d，且均不应大于100mm（d为锚固钢筋的最小直径）。

ζ_a——锚固长度修正系数，按表1-7的规定取用，当多于一项时，可按连乘计算，但不应小于0.6；对预应力筋，可取1.0；

受拉钢筋锚固长度修正系数 ζ_a **表 1-7**

锚固条件		ζ_a	
带肋钢筋的公称直径大于 25		1.10	—
环氧树脂涂层带肋钢筋		1.25	
施工过程中易受扰动的钢筋		1.10	
锚固区保护层厚度	3*d*	0.80	注：中间时按内插值。*d* 为锚固钢筋的直径
	5*d*	0.70	

ζ_{aE}——抗震锚固长度修正系数，对一、二级抗震等级取 1.15，对三级抗震等级取 1.05，对四级抗震取 1.00。

当锚固钢筋保护层厚度不大于 5*d* 时，锚固长度范围内应配置横向构造钢筋，其直径不应小于 *d*/4；对梁、柱等杆状构件间距不应大于 5*d*，对板、墙等平面构件间距不大于 10*d*，且均不应小于 100mm，这里的 *d* 为锚固钢筋的直径。

为了方便施工人员使用，16G101 图集将混凝土结构中常用的钢筋和各级混凝土强度等级组合，将受拉钢筋锚固长度值计算得钢筋直径的整倍数形式，编制成表格，见表 1-8、表 1-9。

受拉钢筋基本锚固长度 l_{ab} **表 1-8**

钢筋种类	混凝土强度等级								
	C20	C25	C30	C35	C40	C45	C50	C55	≥C60
HPB300	39*d*	34*d*	30*d*	28*d*	25*d*	24*d*	23*d*	22*d*	21*d*
HRB335	38*d*	33*d*	29*d*	27*d*	25*d*	23*d*	22*d*	21*d*	21*d*
HRB400、HRBF400 RRB400	—	40*d*	35*d*	32*d*	29*d*	28*d*	27*d*	26*d*	25*d*
HRB500、HRBF500	—	48*d*	43*d*	39*d*	36*d*	34*d*	32*d*	31*d*	30*d*

抗震设计时受拉钢筋基本锚固长度 l_{abE} **表 1-9**

钢筋种类		混凝土强度等级								
		C20	C25	C30	C35	C40	C45	C50	C55	≥C60
HPB300	一、二级	45*d*	39*d*	35*d*	32*d*	29*d*	28*d*	26*d*	25*d*	24*d*
	三级	41*d*	36*d*	32*d*	29*d*	26*d*	25*d*	24*d*	23*d*	22*d*
HRB335	一、二级	44*d*	38*d*	33*d*	31*d*	29*d*	26*d*	25*d*	24*d*	24*d*
	三级	40*d*	35*d*	31*d*	28*d*	26*d*	24*d*	23*d*	22*d*	22*d*
HRB400 HRBF400	一、二级	—	46*d*	40*d*	37*d*	33*d*	32*d*	31*d*	30*d*	29*d*
	三级	—	42*d*	37*d*	34*d*	30*d*	29*d*	28*d*	27*d*	26*d*
HRB500 HRBF500	一、二级	—	55*d*	49*d*	45*d*	41*d*	39*d*	37*d*	36*d*	35*d*
	三级	—	50*d*	45*d*	41*d*	38*d*	36*d*	34*d*	33*d*	32*d*

注：1. 四级抗震时，$l_{abE}=l_{ab}$。
2. 当锚固钢筋的保护层厚度不大于 5*d* 时，锚固钢筋长度范围内应设置横向构造钢筋，其直径不应小于 *d*/4（*d* 为锚固钢筋的最大直径）；对梁、柱等构件间距不应大于 5*d*，对板、墙等构件间距不应大于 10*d*，且均不应大于 100mm（*d* 为锚固钢筋的最小直径）。

9. 纵向钢筋如何连接?

钢筋的连接可采用绑扎搭接、机械连接或焊接。机械连接接头及焊接接头的类型和质量应符合现行国家标准的有关规定。

混凝土结构中受力钢筋的连接接头宜设置在受力较小处。在同一根钢筋上宜少设置接头。在结构的重要构件和关键部位，纵向受力钢筋不宜设置连接接头。

10. 如何进行绑扎搭接?

同一构件中相邻纵向受力钢筋的绑扎搭接接头宜互相错开。钢筋绑扎搭接接头连接区段的长度为1.3倍搭接长度，凡搭接接头中点位于该连接区段长度内的搭接接头均属于同一连接区段（图1-1)。同一连接区段内纵向受力钢筋搭接接头面积百分率为该区段内有搭接接头的纵向受力钢筋与全部纵向受力钢筋截面面积的比值。当直径不同的钢筋搭接时，按直径较小的钢筋计算。

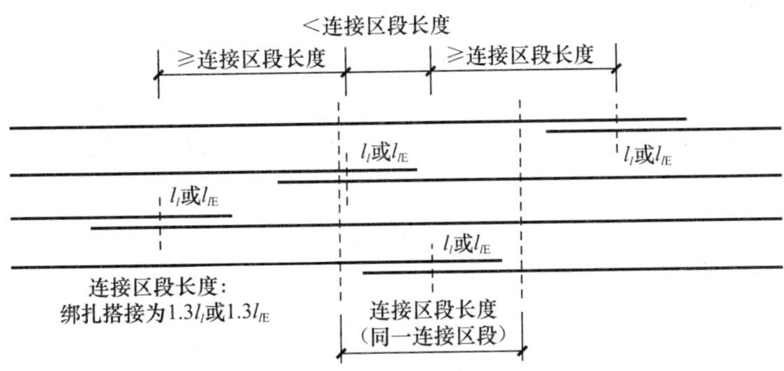

图1-1 同一连接区段内纵向受拉钢筋的绑扎搭接接头

注：图中所示同一连接区段内的搭接接头钢筋为两根，当钢筋直径相同时，钢筋搭接接头面积百分率为50%。

位于同一连接区段内的受拉钢筋搭接接头面积百分率：对梁类、板类及墙类构件，不宜大于25%；对柱类构件，不宜大于50%。当工程中确有必要增大受拉钢筋搭接接头面积百分率时，对梁类构件，不宜大于50%；对板、墙、柱及预制构件的拼接处，可根据实际情况放宽。

并筋采用绑扎搭接连接时，应按每根单筋错开搭接的方式连接。接头面积百分率应按同一连接区段内所有的单根钢筋计算。并筋中钢筋的搭接长度应按单筋分别计算。

11. 如何进行机械连接?

纵向受力钢筋的机械连接接头宜相互错开。钢筋机械连接区段的长度为$35d$，d为连接钢筋的较小直径。凡接头中点位于该连接区段长度内的机械连接接头均属于同一连接区段，如图1-2所示。

位于同一连接区段内的纵向受拉钢筋接头面积百分率不宜大于50%；但对板、墙、柱及预制构件的拼接处，可根据实际情况放宽。纵向受压钢筋的接头百分率可不受限制。

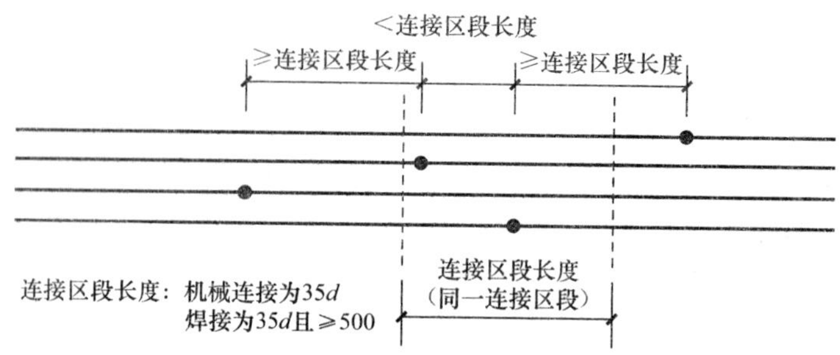

图 1-2　同一连接区段内纵向受拉钢筋机械连接、焊接接头

直接承受动力荷载结构构件中的机械连接接头，除应满足设计要求的抗疲劳性能外，位于同一连接区段内的纵向受力钢筋接头面积百分率不应大于 50%。

12. 什么是弯钩锚固和机械锚固?

当钢筋锚固长度有限而靠自身的锚固性能又无法满足受力钢筋承载力的要求时，可以在钢筋末端配置弯钩和采用机械锚固。这是减小锚固长度的有效方式，其原理是利用受力钢筋端部锚头（弯钩、贴焊锚筋、焊接锚板或螺栓锚头）对混凝土的局部挤压作用加大锚固承载力。锚头对混凝土的局部挤压保证了钢筋不会发生锚固拔出破坏，但锚头前必须有一定的直段锚固长度，以控制锚固钢筋的滑移，使构件不致发生较大的裂缝和变形。因此，当纵向受拉普通钢筋末端采用钢筋弯钩或机械锚固措施时，包括弯钩或锚固端头在内的锚固长度（投影长度）可取为基本锚固长度 l_{ab}的 60%。纵向钢筋弯钩和机械锚固的形式（图 1-3）和技术要求应符合表 1-10 的规定。

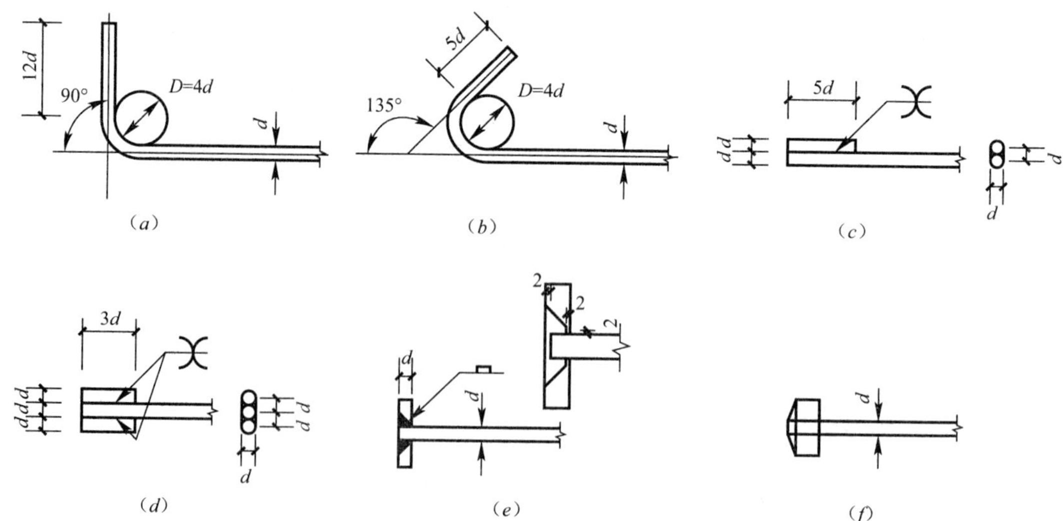

图 1-3　纵向钢筋弯钩和机械锚固的形式

（a）末端带 90°弯钩；（b）末端带 135°弯钩；（c）末端一侧贴焊锚筋；（d）末端两侧贴焊锚筋；（e）末端与钢板穿孔塞焊；（f）末端带螺栓锚头

钢筋弯钩和机械锚固的形式和技术要求 **表 1-10**

锚固形式	技术要求
90°弯钩	末端 90°弯钩，弯钩内径 $4d$，弯后直段长度 $12d$
135°弯钩	末端 135°弯钩，弯钩内径 $4d$，弯后直段长度 $5d$
一侧贴焊锚筋	末端一侧贴焊长 $5d$ 同直径钢筋
两侧贴焊锚筋	末端两侧贴焊长 $3d$ 同直径钢筋
焊端锚板	末端与厚度 d 的锚板穿孔塞焊
螺栓锚头	末端旋入螺栓锚头

注：1. 焊缝和螺纹长度应满足承载能力要求。
2. 螺栓锚头或焊接锚板的承压净面积应不小于锚固钢筋计算截面积的 4 倍。
3. 螺栓锚头的规格应符合相关标准的要求。
4. 螺栓锚头和焊接锚板的钢筋净间距不宜小于 $4d$，否则应考虑群锚效应的不利影响。
5. 截面角部的弯钩和一侧贴焊锚筋的布筋方向宜向截面内侧偏置。

13. 纵向受拉钢筋的搭接长度如何计算?

轴心受拉及小偏心受拉杆件的纵向受力钢筋不得采用绑扎搭接；其他构件中的钢筋采用绑扎搭接时，受拉钢筋直径不宜大于 25mm，受压钢筋直径不宜大于 28mm。

纵向受拉钢筋绑扎搭接接头的搭接长度，应根据位于同一连接区段内的钢筋搭接接头面积百分率按下列公式计算，且不应小于 300mm。

$$l_l = \zeta_l l_a \tag{1-3}$$

抗震绑扎搭接长度的计算公式为：

$$l_{lE} = \zeta_l l_{aE} \tag{1-4}$$

式中 l_l——纵向受拉钢筋的搭接长度，见表 1-11；

纵向受拉钢筋搭接长度 l_l **表 1-11**

钢筋种类		混凝土强度等级																
		C20	C25		C30		C35		C40		C45		C50		C55		≥C60	
		$d≤25$	$d≤25$	$d>25$	$d≤25$	$d>25$	$d≤25$	$d>25$	$d≤25$	$d>25$	$d≤25$	$d>25$	$d≤25$	$d>25$	$d≤25$	$d>25$	$d≤25$	$d>25$
HPB300	≤25%	$47d$	$41d$	—	$36d$	—	$34d$	—	$30d$	—	$29d$	—	$28d$	—	$26d$	—	$25d$	—
	50%	$55d$	$48d$	—	$42d$	—	$39d$	—	$35d$	—	$34d$	—	$32d$	—	$31d$	—	$29d$	—
	100%	$62d$	$54d$	—	$48d$	—	$45d$	—	$40d$	—	$38d$	—	$37d$	—	$35d$	—	$34d$	—
HRB335	≤25%	$46d$	$40d$	—	$35d$	—	$32d$	—	$30d$	—	$28d$	—	$26d$	—	$25d$	—	$25d$	—
	50%	$53d$	$46d$	—	$41d$	—	$38d$	—	$35d$	—	$32d$	—	$31d$	—	$29d$	—	$29d$	—
	100%	$61d$	$53d$	—	$46d$	—	$43d$	—	$40d$	—	$37d$	—	$35d$	—	$34d$	—	$34d$	—
HRB400 HRBF400 RRB400	≤25%	—	$48d$	$53d$	$42d$	$47d$	$38d$	$42d$	$35d$	$38d$	$34d$	$37d$	$32d$	$36d$	$31d$	$35d$	$30d$	$34d$
	50%	—	$56d$	$62d$	$49d$	$55d$	$45d$	$49d$	$41d$	$45d$	$39d$	$43d$	$38d$	$42d$	$36d$	$41d$	$35d$	$39d$
	100%	—	$64d$	$70d$	$56d$	$62d$	$51d$	$56d$	$46d$	$51d$	$45d$	$50d$	$43d$	$48d$	$42d$	$46d$	$40d$	$45d$
HRB500 HRBF500	≤25%	—	$58d$	$64d$	$52d$	$56d$	$47d$	$52d$	$43d$	$48d$	$41d$	$44d$	$38d$	$42d$	$37d$	$41d$	$36d$	$40d$
	50%	—	$67d$	$74d$	$60d$	$66d$	$55d$	$60d$	$50d$	$56d$	$48d$	$52d$	$45d$	$49d$	$43d$	$48d$	$42d$	$46d$
	100%	—	$77d$	$85d$	$69d$	$75d$	$62d$	$69d$	$58d$	$64d$	$54d$	$59d$	$51d$	$56d$	$50d$	$54d$	$48d$	$53d$

注：1. 表中数值为纵向受拉钢筋绑扎搭接接头的搭接长度。
2. 两根不同直径钢筋搭接时，表中 d 取较细钢筋直径。
3. 当为环氧树脂涂层带肋钢筋时，表中数据尚应乘以 1.25。
4. 当纵向受拉钢筋在施工过程中易受扰动时，表中数据尚应乘以 1.1。
5. 当搭接长度范围内纵向受力钢筋周边保护层厚度为 $3d$、$5d$（d 为搭接钢筋的直径）时，表中数据尚可分别乘以 0.8、0.7；中间时按内插值。
6. 当上述修正系数（注 3～注 5）多于一项时，可按连乘计算。
7. 任何情况下，搭接长度不应小于 300mm。
8. 当位于同一连接区段内的钢筋搭接接头面积百分率为表中数据中间值时，搭接长度可按内插取值。

l_{lE}——纵向抗震受拉钢筋的搭接长度，见表 1-12；

纵向受拉钢筋抗震搭接长度 l_{lE} **表 1-12**

钢筋种类			混凝土强度等级																
			C20	C25		C30		C35		C40		C45		C50		C55		≥C60	
			d≤25	d≤25	d>25	d≤25	d>25	d≤25	d>25	d≤25	d>25	d≤25	d>25	d≤25	d>25	d≤25	d>25	d≤25	d>25
一、二级抗震等级	HPB300	≤25%	54d	47d	—	42d	—	38d	—	35d	—	34d	—	31d	—	30d	—	29d	—
		50%	63d	55d	—	49d	—	45d	—	41d	—	39d	—	36d	—	35d	—	34d	—
	HRB335	≤25%	53d	46d	—	40d	—	37d	—	35d	—	31d	—	30d	—	29d	—	29d	—
		50%	62d	53d	—	46d	—	43d	—	41d	—	36d	—	35d	—	34d	—	34d	—
	HRB400 HRBF400	≤25%	—	55d	61d	48d	54d	44d	48d	40d	44d	38d	43d	37d	42d	36d	40d	35d	38d
		50%	—	64d	71d	56d	63d	52d	56d	46d	52d	45d	50d	43d	49d	42d	46d	41d	45d
	HRB500 HRBF500	≤25%	—	66d	73d	59d	65d	54d	59d	49d	55d	47d	52d	44d	48d	43d	47d	42d	46d
		50%	—	77d	85d	69d	76d	63d	69d	57d	64d	55d	60d	52d	56d	50d	55d	49d	53d
三级抗震等级	HPB300	≤25%	49d	43d	—	38d	—	35d	—	31d	—	30d	—	29d	—	28d	—	26d	—
		50%	57d	50d	—	45d	—	41d	—	36d	—	25d	—	34d	—	32d	—	31d	—
	HRB335	≤25%	48d	42d	—	36d	—	34d	—	31d	—	29d	—	28d	—	26d	—	26d	—
		50%	56d	49d	—	42d	—	39d	—	36d	—	34d	—	32d	—	31d	—	31d	—
	HRB400 HRBF400	≤25%	—	50d	55d	44d	49d	41d	44d	36d	41d	35d	40d	34d	38d	32d	36d	31d	35d
		50%	—	59d	64d	52d	57d	48d	52d	42d	48d	41d	46d	39d	45d	38d	42d	36d	41d
	HRB500 HRBF500	≤25%	—	60d	67d	54d	59d	49d	54d	46d	50d	43d	47d	41d	44d	40d	43d	38d	42d
		50%	—	70d	78d	63d	69d	57d	63d	53d	59d	50d	55d	48d	52d	46d	50d	45d	49d

注：1. 表中数值为纵向受拉钢筋绑扎搭接接头的搭接长度。
2. 两根不同直径钢筋搭接时，表中 d 取较细钢筋直径。
3. 当为环氧树脂涂层带肋钢筋时，表中数据尚应乘以 1.25。
4. 当纵向受拉钢筋在施工过程中易受扰动时，表中数据尚应乘以 1.1。
5. 当搭接长度范围内纵向受力钢筋周边保护层厚度为 $3d$、$5d$（d 为搭接钢筋的直径）时，表中数据尚可分别乘以 0.8、0.7；中间时按内插值。
6. 当上述修正系数（注 3～注 5）多于一项时，可按连乘计算。
7. 任何情况下，搭接长度不应小于 300mm。
8. 四级抗震等级时，$l_{lE}=l_l$。
9. 当位于同一连接区段内的钢筋搭接接头面积百分率为 100%时，$l_{lE}=1.6l_{aE}$。
10. 当位于同一连接区段内的钢筋搭接接头面积百分率为表中数据中间值时，搭接长度可按内插取值。

ζ_l——纵向受拉钢筋搭接长度的修正系数，按表 1-13 取用。当纵向搭接钢筋接头面积百分率为表的中间值时，修正系数可按内插取值。

纵向受拉钢筋搭接长度修正系数 **表 1-13**

纵向搭接钢筋接头面积百分率（%）	≤25	50	100
ζ_l	1.2	1.4	1.6

纵向受力钢筋的搭接构造如图 1-4 所示。

非接触搭接可用于条形基础底板、梁板式筏形基础平板中纵向钢筋的连接。

14. 16G101图集对钢筋弯折的弯弧内直径做出何种规定?

钢筋弯折的弯弧内直径 D（图 1-5）应符合下列规定：

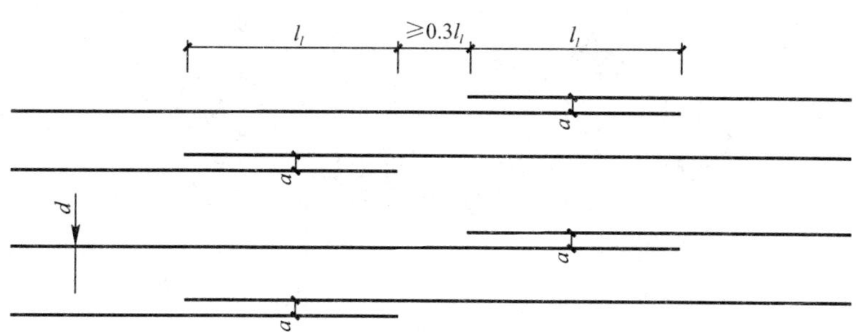

图 1-4 非接触纵向钢筋搭接构造

（1）光圆钢筋，不应小于钢筋直径的 2.5 倍。

（2）335MPa 级、400MPa 级带肋钢筋，不应小于钢筋直径的 4 倍。

（3）500MPa 级带肋钢筋，当直径 $d \leqslant 25$mm 时，不应小于钢筋直径的 6 倍；当直径 $d > 25$mm 时，不应小于钢筋直径的 7 倍。

（4）箍筋弯折处尚不应小于纵向受力钢筋直径；箍筋弯折处纵向受力钢筋为搭接或并筋时，应按钢筋实际排布情况确定箍筋弯弧内直径。

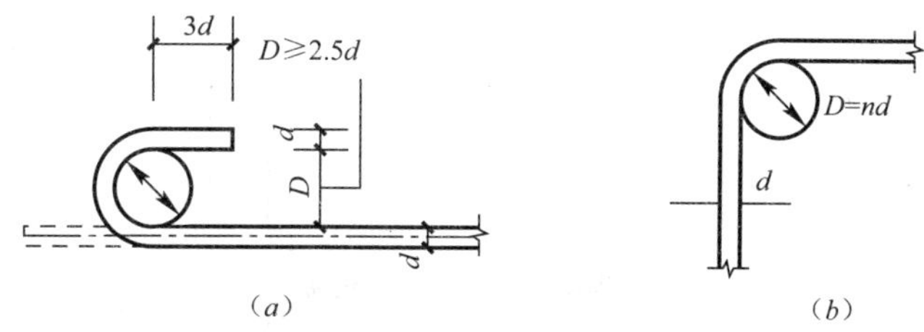

图 1-5 钢筋弯折的弯弧内直径 D

（a）光圆钢筋末端 180°弯钩；（b）末端 90°弯折

15. 箍筋及拉筋弯钩如何构造?

梁、柱、剪力墙中的箍筋和拉筋的主要内容有：弯钩角度为 135°；水平段长度 l_h 抗震设计时取 max（10d，75mm），非抗震设计时不应小于 5d，d 为箍筋直径。

通常，箍筋应做成封闭式，拉筋要求应紧靠纵向钢筋并同时钩住外封闭箍筋。梁、柱、剪力墙封闭箍筋及拉筋弯钩构造如图 1-6 所示。

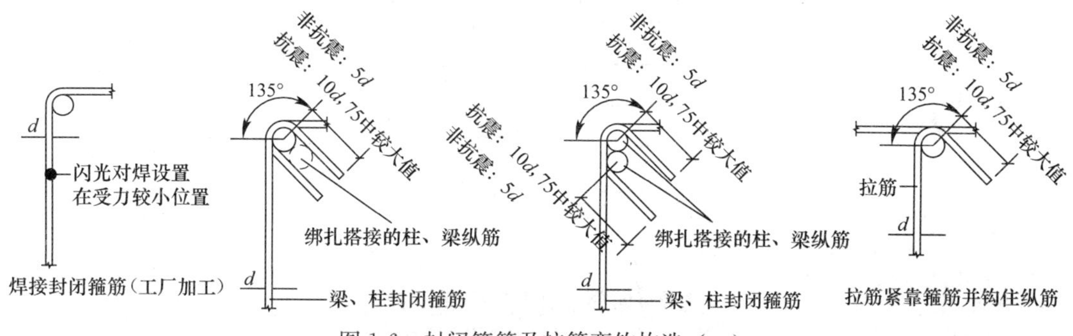

图 1-6 封闭箍筋及拉筋弯钩构造（一）

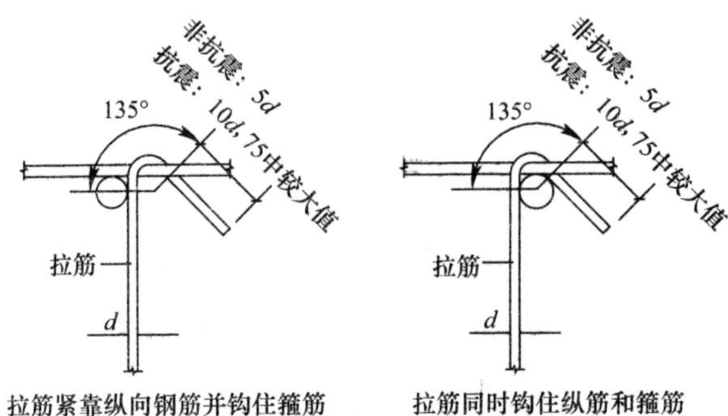

图 1-6　封闭箍筋及拉筋弯钩构造（二）

（非抗震设计时，当基础构件受扭时，箍筋及拉筋弯钩平直段长度应为 10d）

16. 16G101 图集对墙身竖向分布钢筋在基础中的构造如何规定?

墙身竖向分布钢筋在基础中的构造如图 1-7 所示。

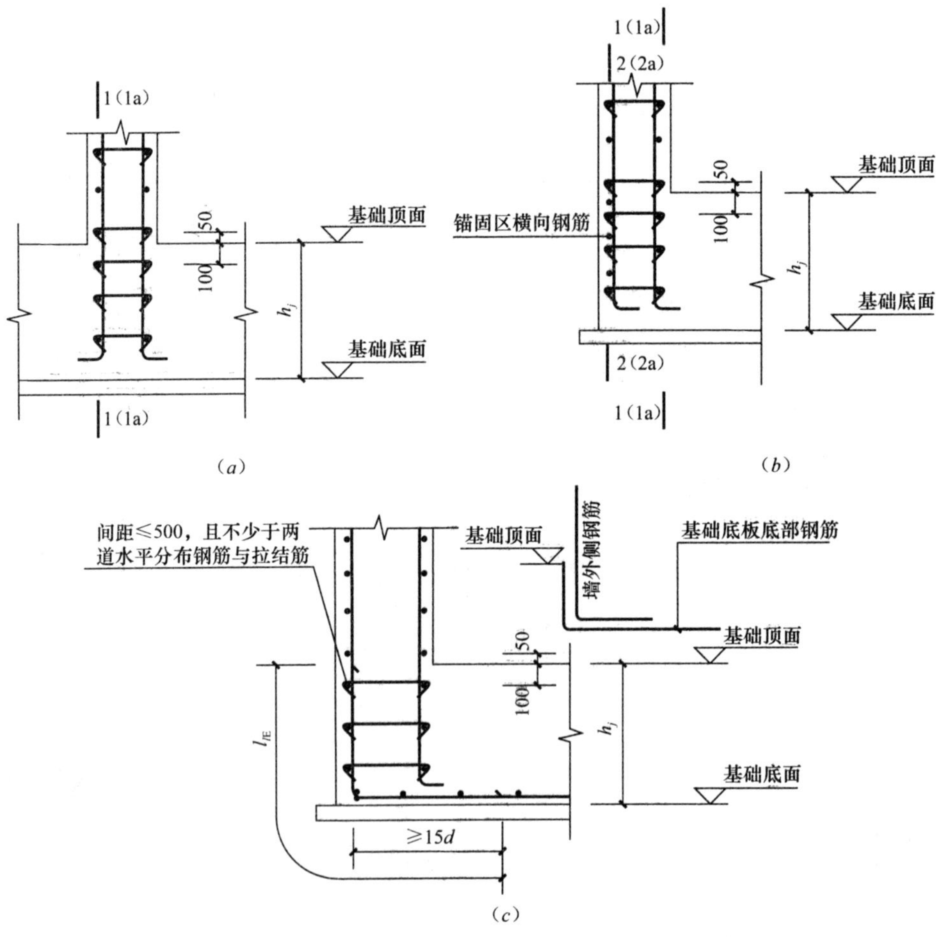

图 1-7　墙身竖向分布钢筋在基础中的构造（一）

（a）保护层厚度>5d；（b）保护层厚度≤5d；（c）搭接连接

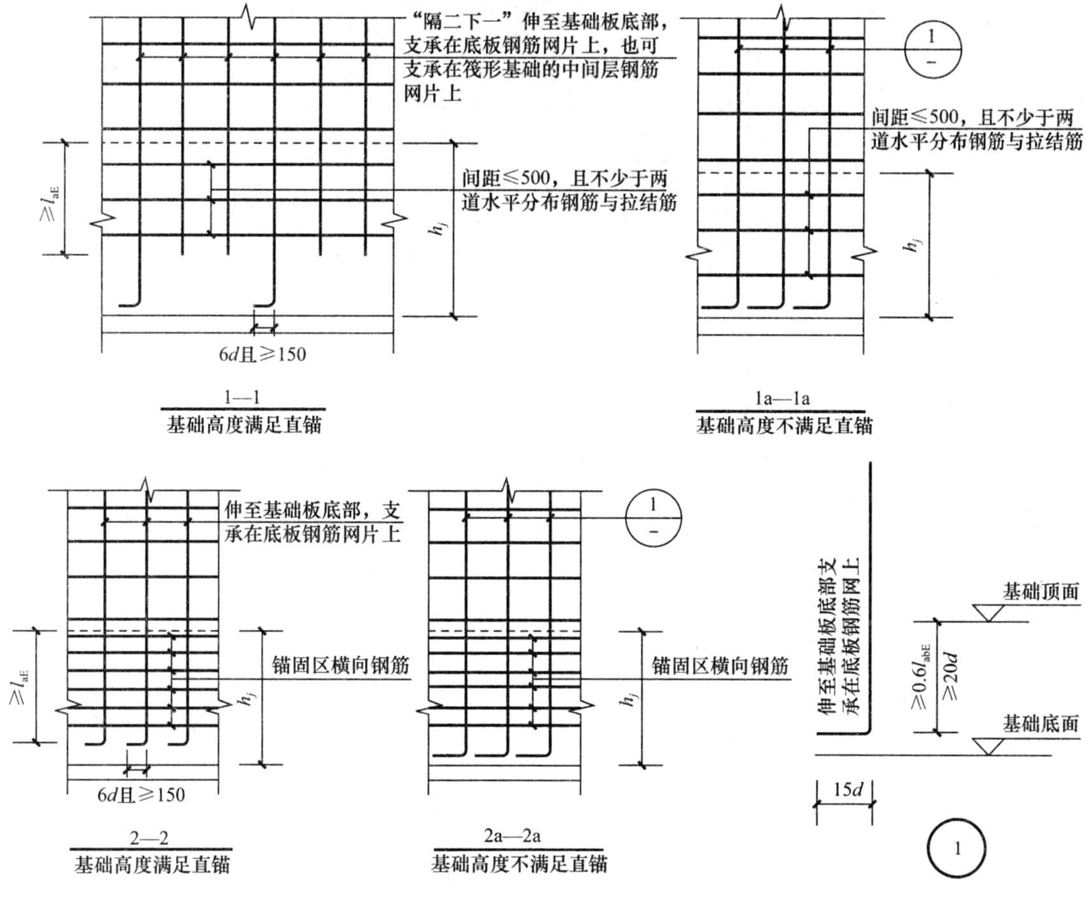

图 1-7　墙身竖向分布钢筋在基础中的构造（二）

（1）图中，h_j 为基础底面至基础顶面的高度，墙下有基础梁时，h_j 为梁底面至顶面的高度。

（2）锚固区横向钢筋应满足直径≥$d/4$（d 为纵筋最大直径），间距≤$10d$（d 为纵筋最小直径）且≤100mm 的要求。

（3）当墙身竖向分布钢筋在基础中的保护层厚度不一致（如分布筋部分位于梁中，部分位于板内），保护层厚度不大于 $5d$ 的部分应设置锚固区横向钢筋。

（4）当选用图（c）搭接连接时，设计人员应在图纸中注明。

（5）图中，d 为墙身竖向分布钢筋直径。

（6）1-1 剖面，当施工采取有效措施保证钢筋定位时，墙身竖向分布钢筋伸入基础长度满足直锚即可。

17. 16G101 图集对边缘构件纵向钢筋在基础中的构造如何规定？

边缘构件纵向钢筋在基础中的构造如图 1-8 所示。

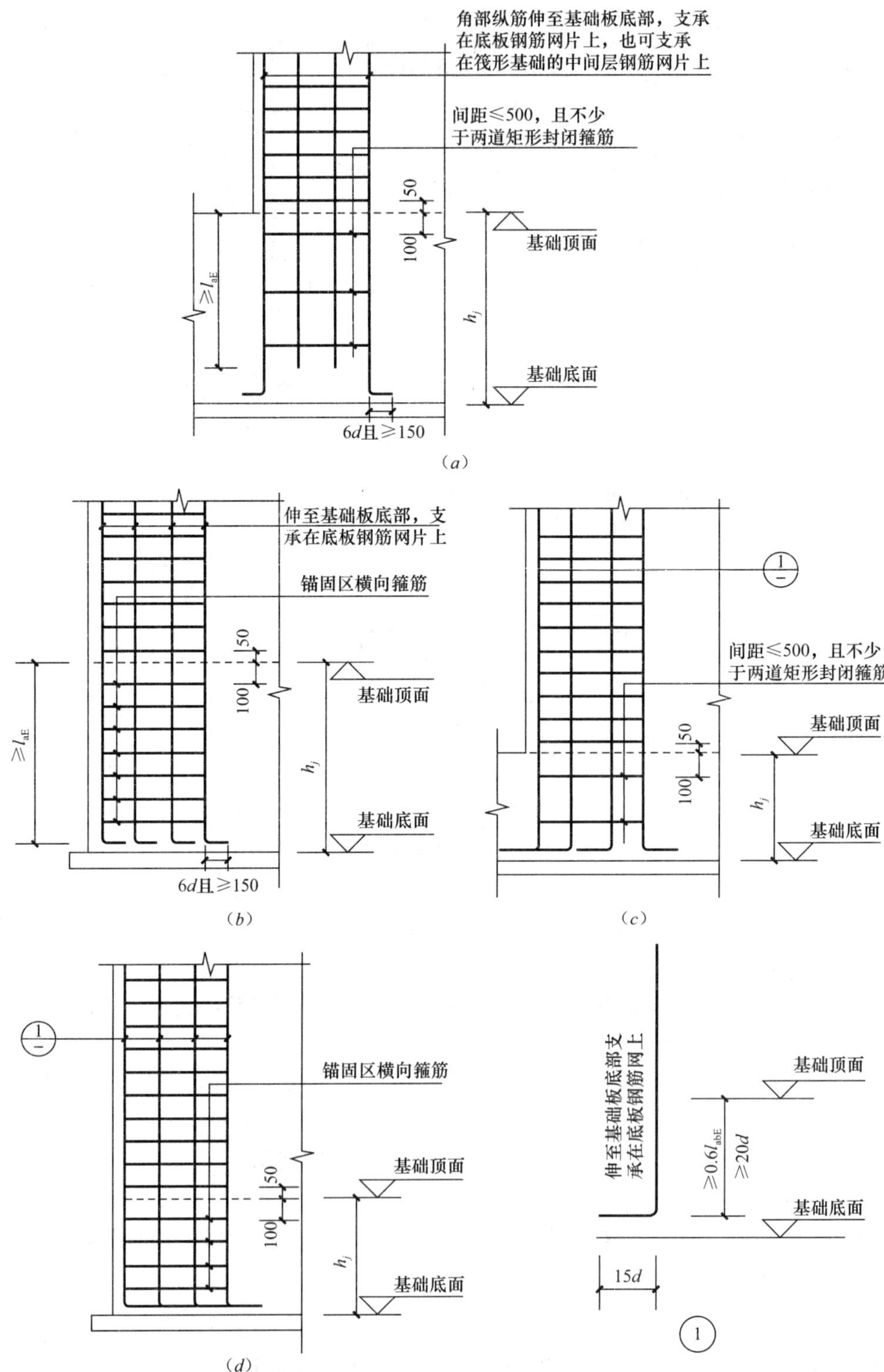

图 1-8　边缘构件纵向钢筋在基础中的构造

(*a*) 保护层厚度>5d；基础高度满足直锚；(*b*) 保护层厚度≤5d；基础高度满足直锚；
(*c*) 保护层厚度>5d；基础高度不满足直锚；(*d*) 保护层厚度≤5d；基础高度不满足直锚

（1）图中，h_j 为基础底面至基础顶面的高度，墙下有基础梁时，h_j 为梁底面至顶面的高度。

（2）锚固区横向钢筋应满足直径≥$d/4$（d 为纵筋最大直径），间距≤$10d$（d 为纵筋最小直径）且≤100mm 的要求。

（3）当边缘构件纵筋在基础中的保护层厚度不一致（如纵筋部分位于梁中，部分位于板内），保护层厚度不大于 $5d$ 的部分应设置锚固区横向钢筋。

（4）图中，d 为边缘构件纵筋直径。

（5）当边缘构件（包括端柱）一侧纵筋位于基础外边缘（保护层厚度≤$5d$，且基础高度满足直锚）时，边缘构件内所有纵筋均按图 1-8（b）构造。

（6）伸至钢筋网上的边缘构件角部纵筋（不包含端柱）之间间距不应大于 500mm，不满足时应将边缘构件其他纵筋伸至钢筋网上。

（7）图 1-9 中角部纵筋（不包含端柱）是指边缘构件阴影区角部纵筋，如果图示为红色点状钢筋，则图示红色的箍筋为在基础高度范围内采用的箍筋形式。

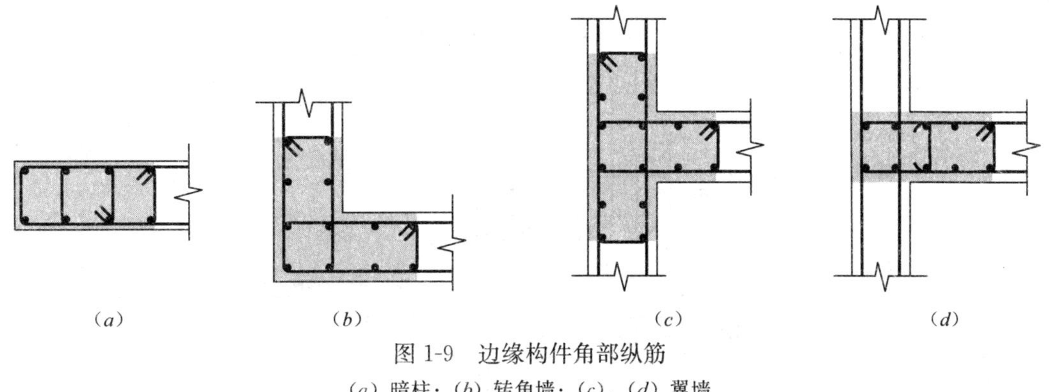

图 1-9　边缘构件角部纵筋

（a）暗柱；（b）转角墙；（c）、（d）翼墙

18. 16G101 图集对柱纵向钢筋在基础中的构造如何规定？

柱纵向钢筋在基础中的构造如图 1-10 所示。

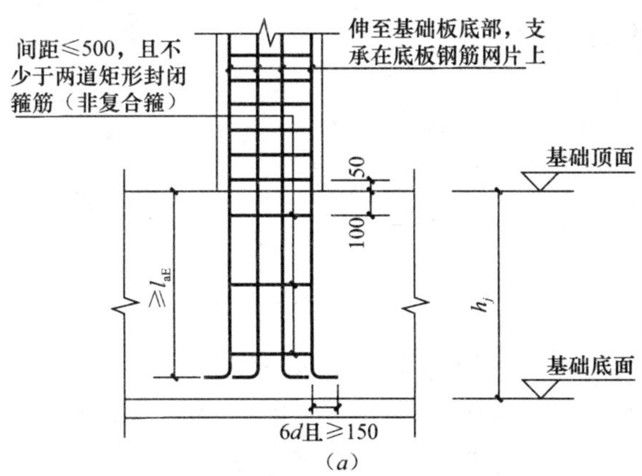

图 1-10　柱纵向钢筋在基础中的构造（一）

（a）保护层厚度>$5d$；基础高度满足直锚

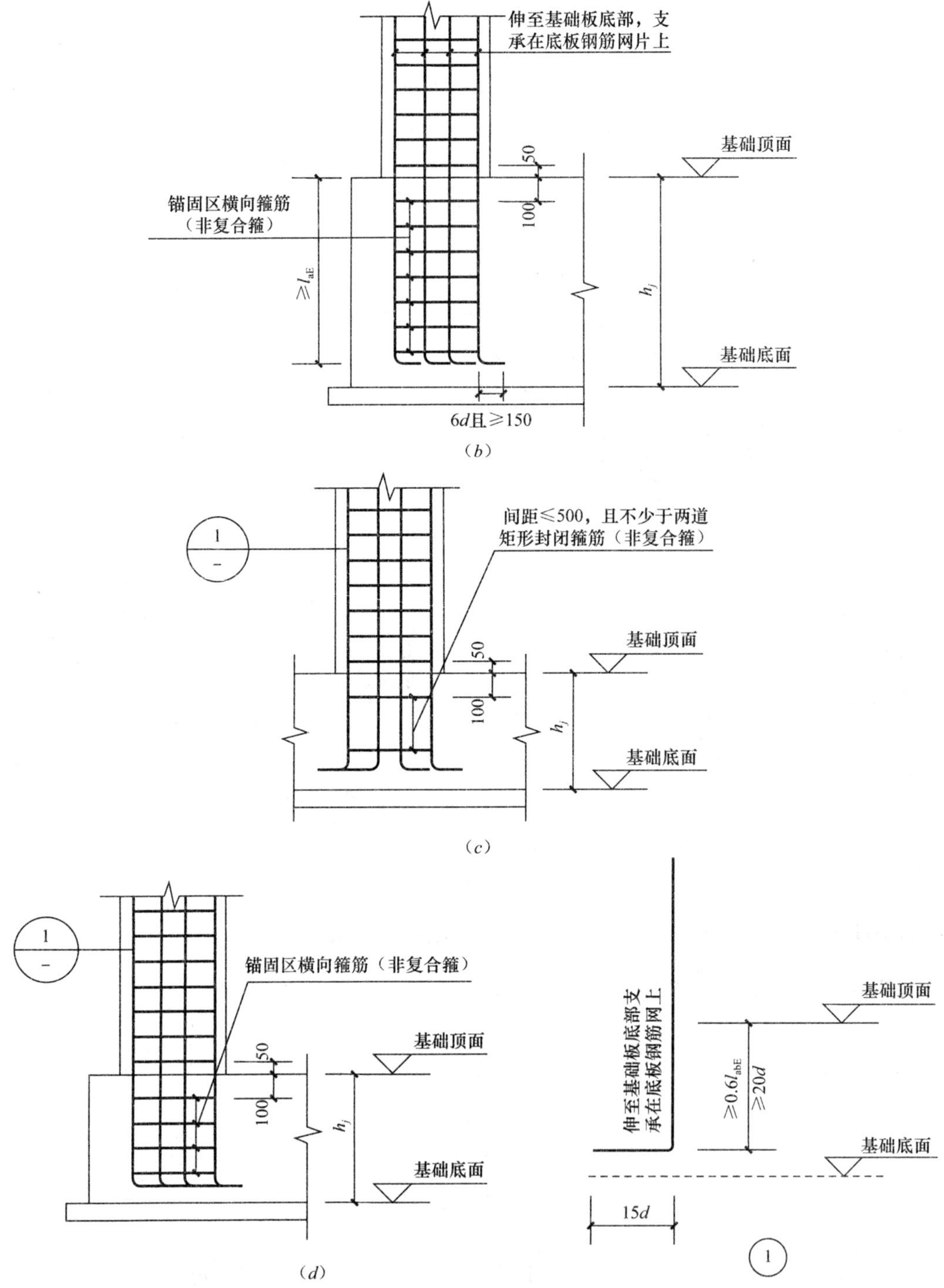

图 1-10　柱纵向钢筋在基础中的构造（二）

（b）保护层厚度≤5d；基础高度满足直锚；（c）保护层厚度＞5d；基础高度不满足直锚；

（d）保护层厚度≤5d；基础高度不满足直锚

（1）图中，h_j 为基础底面至基础顶面的高度，柱下为基础梁时，h_j 为梁底面至顶面的高度。当柱两侧基础梁标高不同时取较低标高。

（2）锚固区横向箍筋应满足直径≥$d/4$（d 为纵筋最大直径），间距≤$5d$（d 为纵筋最小直径）且≤100mm 的要求。

（3）当柱纵筋在基础中的保护层厚度不一致（如纵筋部分位于梁中，部分位于板内），保护层厚度不大于 $5d$ 的部分应设置锚固区横向钢筋。

（4）当符合下列条件之一时，可仅将柱四角纵筋伸至底板钢筋网片上或者筏形基础中间层钢筋网片上（伸至钢筋网片上的柱纵筋间距不应大于 1000mm），其余纵筋锚固在基础顶面下 l_{aE} 即可。

1）柱为轴心受压或小偏心受压，基础高度或基础顶面至中间层钢筋网片顶面距离不小于 1200mm。

2）柱为大偏心受压，基础高度或基础顶面至中间层钢筋网片顶面距离不小于 1400mm。

（5）图中，d 为柱纵筋直径。

19. 双肢箍如何计算？

纵筋根数决定了箍筋的肢数，纵筋在复合箍筋框内按均匀、对称原则布置，最多每隔一根纵筋应有一根箍筋或拉筋进行拉结；箍筋的重叠不应多于两层；按纵筋等间距分布排列设置箍筋，如图 1-11 所示。

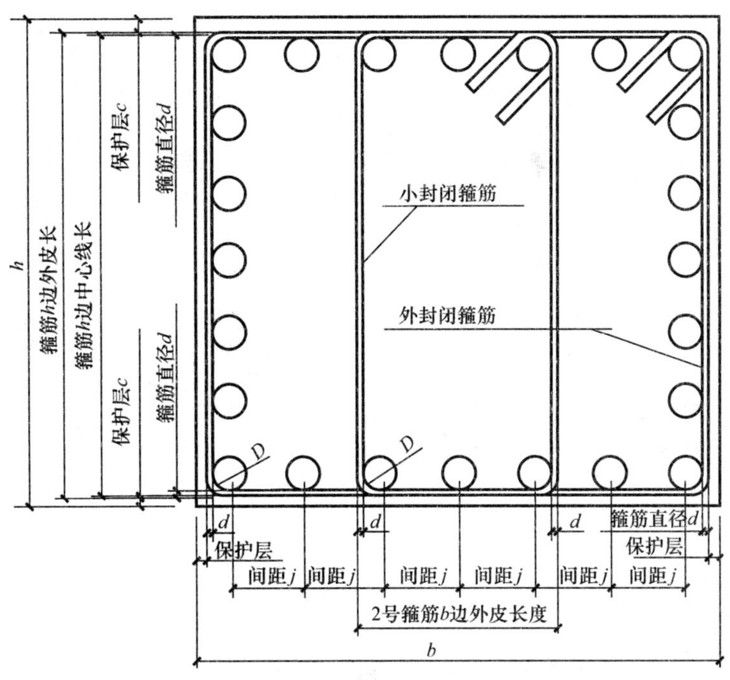

图 1-11　柱箍筋图计算示意图

（1）外封闭箍筋（大双肢箍）长度计算方法为：

$$长度 = (b - 2\times 柱保护层\, c)\times 2 + (h - 2\times 柱保护层\, c)\times 2 + 2\times l_w \tag{1-5}$$

（2）小封闭箍筋（小双肢箍）长度计算方法为：

$$长度 = \left(\frac{b - 2\times 柱保护层\, c - d_{纵筋}}{纵筋根数 - 1}\times 间距个数 + d_{纵筋} + 2\times d_{小箍筋}\right) \times 2 + (h - 2\times 柱保护层)\times 2 + 2\times l_w \tag{1-6}$$

20. 钢筋的公称直径、公称截面面积及理论重量如何规定的？

钢筋的公称直径、公称截面面积及理论重量，见表 1-14。

钢筋的公称直径、公称截面面积及理论重量　　表 1-14

公称直径（mm）	不同根数钢筋的公称截面面积（mm^2）									单根钢筋理论重量（kg/m）
	1	2	3	4	5	6	7	8	9	
6	28.3	57	85	113	142	170	198	226	255	0.222
8	50.3	101	151	201	252	302	352	402	453	0.395
10	78.5	157	236	314	393	471	550	628	707	0.617
12	113.1	226	339	452	565	678	791	904	1017	0.888
14	153.9	308	461	615	769	923	1077	1231	1385	1.21
16	201.1	402	603	804	1005	1206	1407	1608	1809	1.58
18	254.5	509	763	1017	1272	1527	1781	2036	2290	2.00（2.11）
20	314.2	628	942	1256	1570	1884	2199	2513	2827	2.47
22	380.1	760	1140	1520	1900	2281	2661	3041	3421	2.98
25	490.9	982	1473	1964	2454	2945	3436	3927	4418	3.85（4.10）
28	615.8	1232	1847	2463	3079	3695	4310	4926	5542	4.83
32	804.2	1609	2413	3217	4021	4826	5630	6434	7238	6.31（6.65）
36	1017.9	2036	3054	4072	5089	6107	7125	8143	9161	7.99
40	1256.6	2513	3770	5027	6283	7540	8796	10053	11310	9.87（10.34）
50	1963.5	3928	5892	7856	9820	11784	13748	15712	17676	15.42（16.28）

注：括号内为预应力螺纹钢筋的数值。

CRB550 冷轧带肋钢筋的公称直径、公称截面面积及理论重量见表 1-15。

冷轧带肋钢筋的公称直径、公称截面面积及理论重量　　表 1-15

公称直径（mm）	公称截面面积（mm^2）	理论重量（kg/m）
（4）	12.6	0.099
5	19.6	0.154
6	28.3	0.222
7	38.5	0.302
8	50.3	0.395
9	63.6	0.499
10	78.5	0.617
12	113.1	0.888

钢绞线的公称直径、公称截面面积及理论重量见表 1-16。

钢绞线的公称直径、公称截面面积及理论重量　　表 1-16

种类	公称直径（mm）	公称截面面积（mm^2）	理论重量（kg/m）
1×3	8.6	37.7	0.296
	10.8	58.9	0.462
	12.9	84.8	0.666
1×7 标准型	9.5	54.8	0.430
	12.7	98.7	0.775
	15.2	140	1.101
	17.8	191	1.500
	21.6	285	2.237

钢丝的公称直径、公称截面面积及理论重量见表 1-17。

钢丝的公称直径、公称截面面积及理论重量　　表 1-17

公称直径（mm）	公称截面面积（mm^2）	理论重量（kg/m）
5.0	19.63	0.154
7.0	38.48	0.302
9.0	63.62	0.499

21. 钢筋混凝土结构伸缩缝最大间距如何规定的?

钢筋混凝土结构伸缩缝最大间距，见表 1-18。

钢筋混凝土结构伸缩缝最大间距（m）　　表 1-18

结构类别		室内或土中	露天
排架结构	装配式	100	70
框架结构	装配式	75	50
	现浇式	55	35
剪力墙结构	装配式	65	40
	现浇式	45	30
挡土墙、地下室墙壁等类结构	装配式	40	30
	现浇式	30	20

注：1. 装配整体式结构的伸缩缝间距，可根据结构的具体情况取表中装配式结构与现浇式结构之间的数值。
2. 框架-剪力墙结构或框架-核心筒结构房屋的伸缩缝间距，可根据结构的具体情况取表中框架结构与剪力墙结构之间的数值。
3. 当屋面无保温或隔热措施时，框架结构、剪力墙结构的伸缩缝间距宜按表中露天栏的数值取用。
4. 现浇挑檐、雨罩等外露结构的局部伸缩缝间距不宜大于 12m。

22. 现浇钢筋混凝土房屋适用的最大高度如何规定的?

现浇钢筋混凝土房屋适用的最大高度，见表 1-19。

现浇钢筋混凝土房屋适用的最大高度（m）　　表 1-19

结构类型	烈度				
	6	7	8（0.2g）	8（0.3g）	9
框架	60	50	40	35	24

续表

结构类型		烈　　度				
		6	7	8（0.2g）	8（0.3g）	9
框架-抗震墙		130	120	100	80	50
抗震墙		140	120	100	80	60
部分框支抗震墙		120	100	80	50	不应采用
筒体	框架-核心筒	150	130	100	90	70
	筒中筒	180	150	120	100	80
板柱-抗震墙		80	70	55	40	不应采用

注：1. 房屋高度指室外地面到主要屋面板板顶的高度（不包括局部突出屋顶部分）。
2. 框架-核心筒结构指周边稀柱框架与核心筒组成的结构。
3. 部分框支抗震墙结构指首层或底部两层为框支层的结构，不包括仅个别框支墙的情况。
4. 表中框架，不包括异形柱框架。
5. 板柱-抗震墙结构指板柱、框架和抗震墙组成抗侧力体系的结构。
6. 乙类建筑可按本地区抗震设防烈度确定其适用的最大高度。
7. 超过表内高度的房屋，应进行专门研究和论证，采取有效的加强措施。

第2章 独立基础

2.1 独立基础平法施工图制图规则

1. 独立基础平法施工图有哪些表示方法?

独立基础平法施工图，有平面注写与截面注写两种表达方式，设计者可根据具体工程情况选择一种，或两种方式相结合进行独立基础的施工图设计。

当绘制独立基础平面布置图时，应将独立基础平面与基础所支承的柱一起绘制。当设置基础连系梁时，可根据图面的疏密情况，将基础连系梁与基础平面布置图一起绘制，或将基础连系梁布置图单独绘制。

在独立基础平面布置图上应标注基础定位尺寸；当独立基础的柱中心线或杯口中心线与建筑轴线不重合时，应标注其定位尺寸。编号相同且定位尺寸相同的基础，可仅选择一个进行标注。

2. 独立基础如何进行编号?

各种独立基础编号，见表2-1。

独立基础编号 表2-1

类型	基础底板截面形状	代号	序号
普通独立基础	阶形	DJ_J	××
	坡形	DJ_P	××
杯口独立基础	阶形	BJ_J	××
	坡形	BJ_P	××

注：设计时应注意：当独立基础截面形状为坡形时，其坡面应采用能保证混凝土浇筑、振捣密实的较缓坡度；当采用较陡坡度时，应要求施工采用在基础顶部坡面加模板等措施，以确保独立基础的坡面浇筑成型、振捣密实。

3. 独立基础集中标注包括哪些内容?

普通独立基础和杯口独立基础的集中标注，系在基础平面图上集中引注：基础编号、截面竖向尺寸和配筋三项必注内容，以及基础底面标高（与基础底面基准标高不同时）和必要的文字注解两项选注内容。

素混凝土普通独立基础的集中标注，除无基础配筋内容外均与钢筋混凝土普通独立基础相同。

独立基础集中标注的具体内容，规定如下：

（1）基础编号

注写独立基础编号（必注内容），见表 2-1。

独立基础底板的截面形状通常包括以下两种：

1）阶形截面编号加下标“J”，例如 DJ_J××、BJ_J××。

2）坡形截面编号加下标“P”，例如 DJ_P××、BJ_P××。

（2）截面竖向尺寸

1）普通独立基础

① 阶形截面

当基础为阶形截面时，注写方式为“$h_1/h_2/\cdots\cdots$”，如图 2-1 所示。图 2-1 为三阶；当为更多阶时，各阶尺寸自下而上用“/”分隔顺写。当基础为单阶时，其竖向尺寸仅为一个，且为基础总高度，如图 2-2 所示。

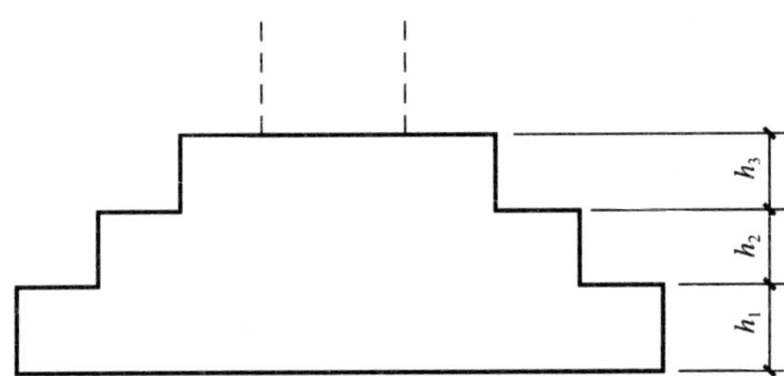

图 2-1 阶形截面普通独立基础竖向尺寸注写方式

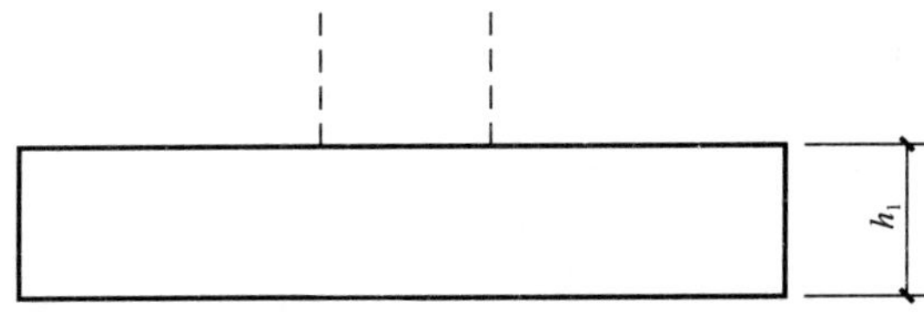

图 2-2 单阶普通独立基础竖向尺寸注写方式

② 坡形截面

当基础为坡形截面时，注写方式为“h_1/h_2”，如图 2-3 所示。

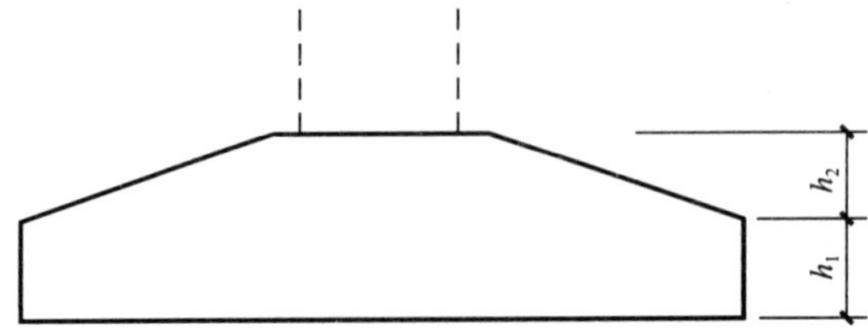

图 2-3 坡形截面普通独立基础竖向尺寸注写方式

2）杯口独立基础

① 阶形截面

当基础为阶形截面时，其竖向尺寸分两组，一组表达杯口内，另一组表达杯口外，两组尺寸以“,”分隔，注写方式为“a_0/a_1，$h_1/h_2/$……”，如图 2-4、图 2-5 所示，其中杯口深度 a_0 为柱插入杯口的尺寸加 50mm。

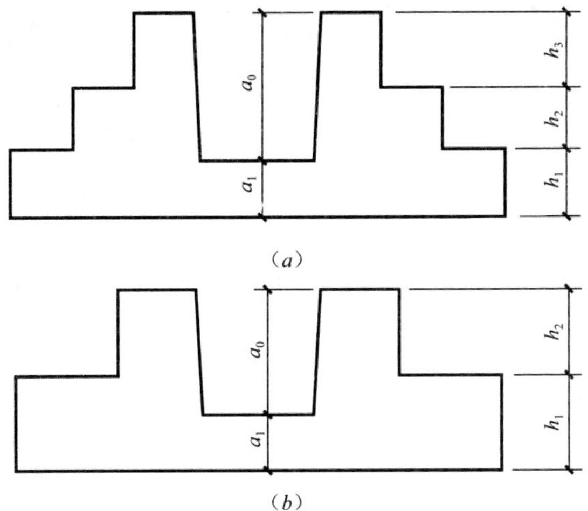

图 2-4　阶形截面杯口独立基础竖向尺寸注写方式

(*a*) 注写方式（一）；(*b*) 注写方式（二）

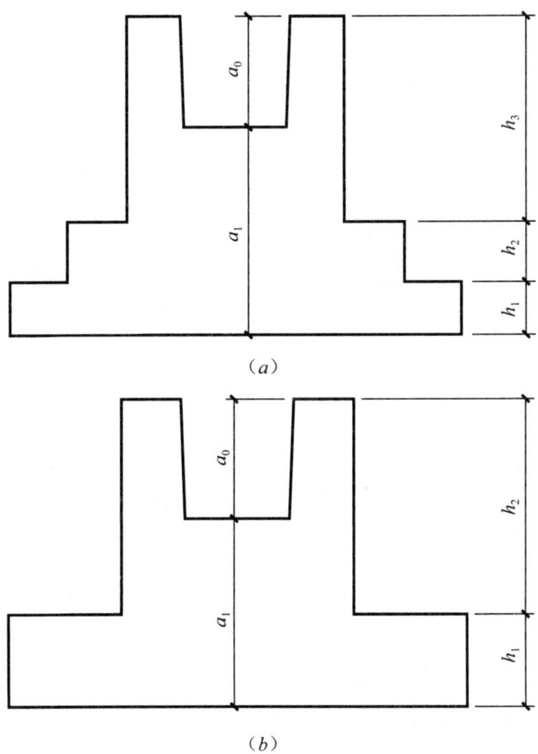

图 2-5　阶形截面高杯口独立基础竖向尺寸注写方式

(*a*) 注写方式（一）；(*b*) 注写方式（二）

② 坡形截面

当基础为坡形截面时，注写方式为“a_0/a_1，$h_1/h_2/h_3/$……”，如图 2-6、图 2-7 所示。

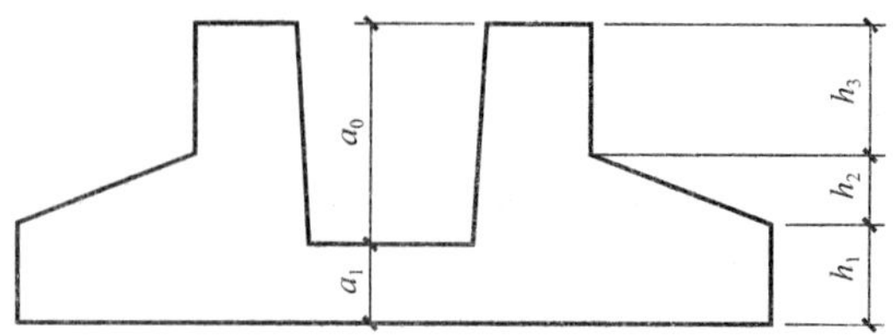

图 2-6　坡形截面杯口独立基础竖向尺寸注写方式

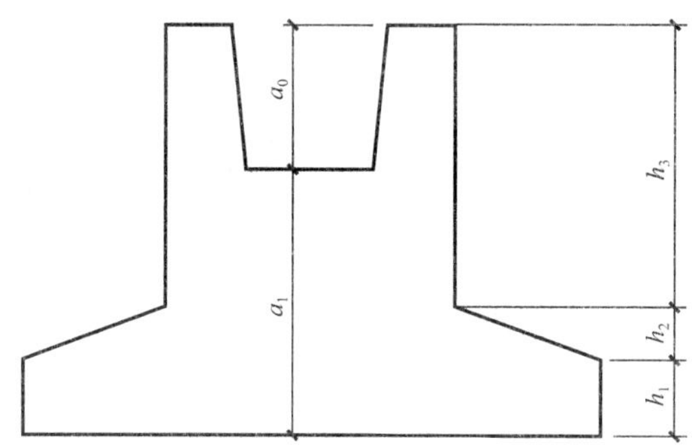

图 2-7　坡形截面高杯口独立基础竖向尺寸注写方式

（3）配筋

1）独立基础底板配筋

普通独立基础和杯口独立基础的底部双向配筋注写方式如下：

① 以 B 代表各种独立基础底板的底部配筋。

② X 向配筋以 X 打头、Y 向配筋以 Y 打头注写；当两向配筋相同时，则以 X&Y 打头注写。

2）杯口独立基础顶部焊接钢筋网

杯口独立基础顶部焊接钢筋网注写方式为：以 Sn 打头引注杯口顶部焊接钢筋网的各边钢筋。

当双杯口独立基础中间杯壁厚度小于 400mm 时，在中间杯壁中配置构造钢筋见相应标准构造详图，设计不注。

3）高杯口独立基础短柱配筋

高杯口独立基础的短柱配筋（亦适用于杯口独立基础杯壁有配筋的情况）注写方式为：

① 以 O 代表短柱配筋。

② 先注写短柱纵筋，再注写箍筋。注写方式为：角筋/长边中部筋/短边中部筋，箍筋（两种间距）；当水平截面为正方形时，注写方式为：角筋/x 边中部筋/y 边中部筋，箍筋（两种间距，短柱杯口壁内箍筋间距/短柱其他部位箍筋间距）。

③ 双高杯口独立基础的短柱配筋。对于双高杯口独立基础的短柱配筋，注写形式与单高杯口相同，如图 2-8 所示（本图只表示基础短柱纵筋与矩形箍筋）。

当双高杯口独立基础中间杯壁厚度小于 400mm 时，在中间杯壁中配置构造钢筋见相应标准构造详图，设计不注。

4）普通独立基础带短柱竖向尺寸及钢筋

当独立基础埋深较大，设置短柱时，短柱配筋应注写在独立基础中。具体注写方式如下：

① 以DZ代表普通独立基础短柱。

② 先注写短柱纵筋，再注写箍筋，最后注写短柱标高范围。注写方式为“角筋/长边中部筋/短边中部筋，箍筋，短柱标高范围”；当短柱水平截面为正方形时，注写方式为“角筋/x中部筋/y中部筋，箍筋，短柱标高范围”。

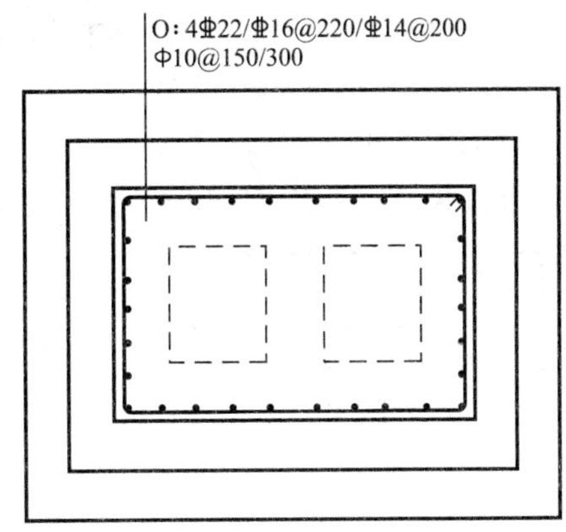

图2-8 双高杯口独立基础短柱配筋注写方式

（4）底面标高

当独立基础的底面标高与基础底面基准标高不同时，应将独立基础底面标高直接注写在“（ ）”内。

（5）必要的文字注解

当独立基础的设计有特殊要求时，宜增加必要的文字注解。例如，基础底板配筋长度是否采用减短方式等，可在该项内注明。

4. 独立基础原位标注有哪些内容？

钢筋混凝土和素混凝土独立基础的原位标注，是指在基础平面布置图上标注独立基础的平面尺寸。对相同编号的基础，可选择一个进行原位标注；当平面图形较小时，可将所选定进行原位标注的基础按比例适当放大；其他相同编号者仅注编号。下面按普通独立基础和杯口独立基础分别进行说明。

（1）普通独立基础

原位标注x、y，x_c、y_c（或圆柱直径d_c），x_i、y_i，$i=1$，2，3……。其中，x、y为普通独立基础两向边长，x_c、y_c为柱截面尺寸，x_i、y_i为阶宽或坡形平面尺寸（当设置短柱时，尚应标注短柱的截面尺寸）。

1）阶形截面

对称阶形截面普通独立基础原位标注识图，如图2-9所示。非对称阶形截面普通独立基础原位标注识图，如图2-10所示。

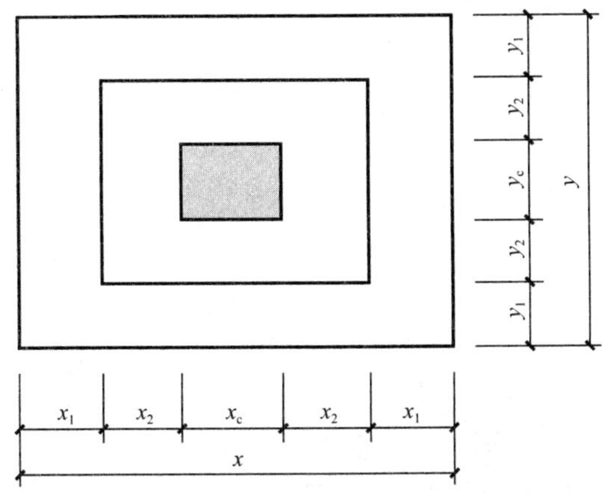

图2-9 对称阶形截面普通独立基础原位标注

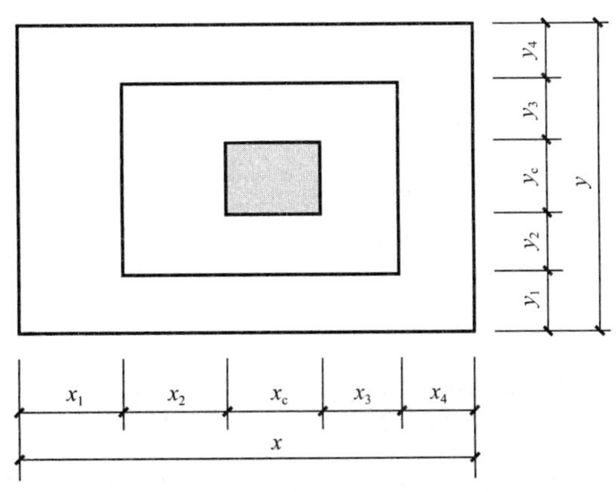

图2-10 非对称阶形截面普通独立基础原位标注

带短柱普通独立基础原位标注识图，如图 2-11 所示。

2）坡形截面

对称坡形普通独立基础原位标注识图，如图 2-12 所示。非对称坡形普通独立基础原位标注识图，如图 2-13 所示。

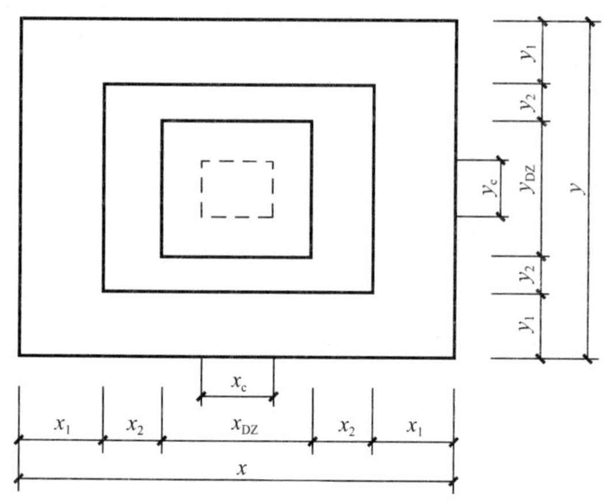

图 2-11　带短柱普通独立基础原位标注

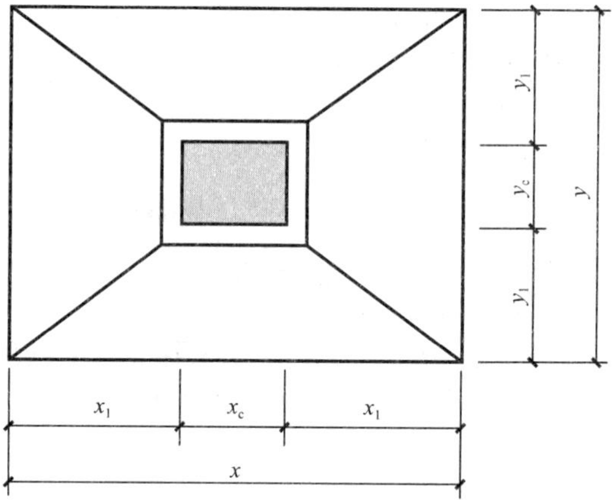

图 2-12　对称坡形截面普通独立基础原位标注

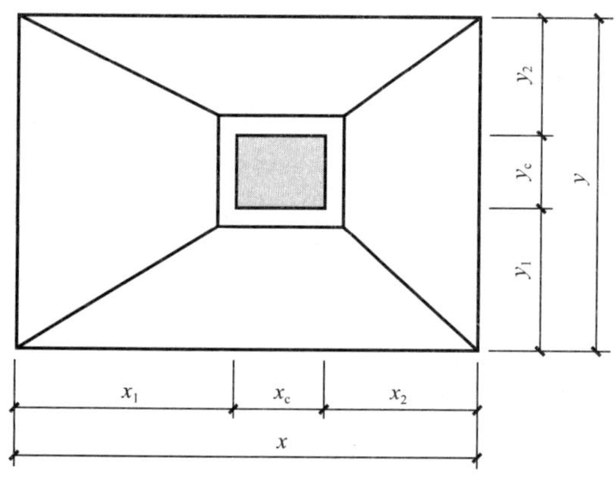

图 2-13　非对称坡形截面普通独立基础原位标注

（2）杯口独立基础

原位标注 x、y，x_u、y_u，t_i，x_i、y_i，i=1，2，3……。其中，x、y 为杯口独立基础两向边长，x_u、y_u 为柱截面尺寸，t_i 为杯壁上口厚度，下口厚度为 t_i＋25mm，x_i、y_i 为阶宽或坡形截面尺寸。

杯口上口尺寸 x_u、y_u，按柱截面边长两侧双向各加 75mm；杯口下口尺寸按标准构造详图（为插入杯口的相应柱截面边长尺寸，每边各加 50mm），设计不注。

1）阶形截面

阶形截面杯口独立基础原位标注识图，如图 2-14 所示。

2）坡形截面

坡形截面杯口独立基础原位标注识图，如图 2-15 所示。

设计时应注意：当设计为非对称坡形截面独立基础并且基础底板的某边不放坡时，在原位放大绘制的基础平面图上，或在圈引出来放大绘制的基础平面图上，应按实际放坡情况绘制分坡线，如图 2-15（*b*）所示。

5. 多柱独立基础顶部配筋如何注写?

独立基础通常为单柱独立基础，也可为多柱独立基础（双柱或四柱等）。多柱独立基础的编号、几何尺寸和配筋的标注方法与单柱独立基础相同。

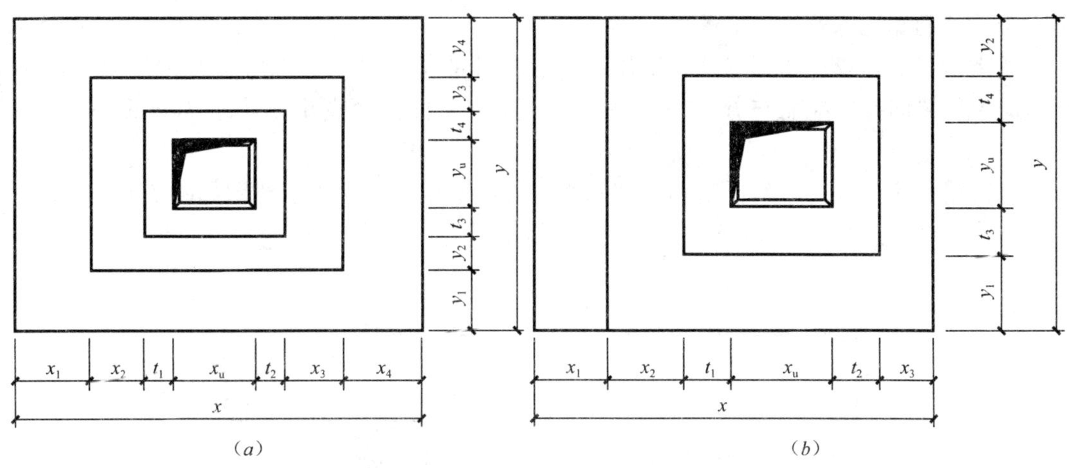

图 2-14　阶形截面杯口独立基础原位标注

（*a*）基础底板四边阶数相同；（*b*）基础底板的一边比其他三边多一阶

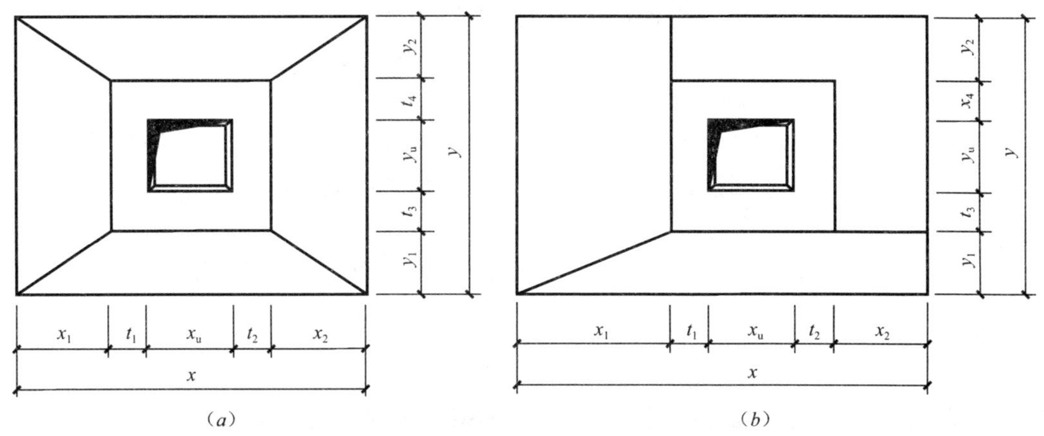

图 2-15　坡形截面杯口独立基础原位标注

（*a*）基础底板四边均放坡；（*b*）基础底板有两边不放坡

（注：高杯口独立基础原位标注与杯口独立基础完全相同）

当为双柱独立基础时，通常仅配置基础底部钢筋；当柱距离较大时，除基础底部配筋外，尚需在两柱间配置，顶部一般要配置基础顶部钢筋或配置基础梁；当为四柱独立基础时，通常可设置两道平行的基础梁，需要时可在两道基础梁之间配置基础顶部钢筋。

多柱独立基础顶部配筋和基础梁的注写方法规定如下：

（1）注写双柱独立基础底板顶部配筋。双柱独立基础的顶部配筋，通常对称分布在双柱中心线两侧。以大写字母“T”打头，注写为：双柱间纵向受力钢筋/分布钢筋。当纵向受力钢筋在基础底板顶面非满布时，应注明其总根数。

（2）注写双柱独立基础的基础梁配筋。当双柱独立基础为基础底板与基础梁相结合时，注写基础梁的编号、几何尺寸和配筋。例如，JL××（1）表示该基础梁为1跨，两端无外伸；JL××（1A）表示该基础梁为1跨，一端有外伸；JL××（1B）表示该基础梁为 1 跨，两端均有外伸。

通常情况下，双柱独立基础宜采用端部有外伸的基础梁，基础底板则采用受力明确、构造简单的单向受力配筋与分布筋。基础梁宽度宜比柱截面宽出不小于 100mm（每边不小于 50mm）。

基础梁的注写规定与条形基础的基础梁注写规定相同。注写示意图如图 2-16 所示。

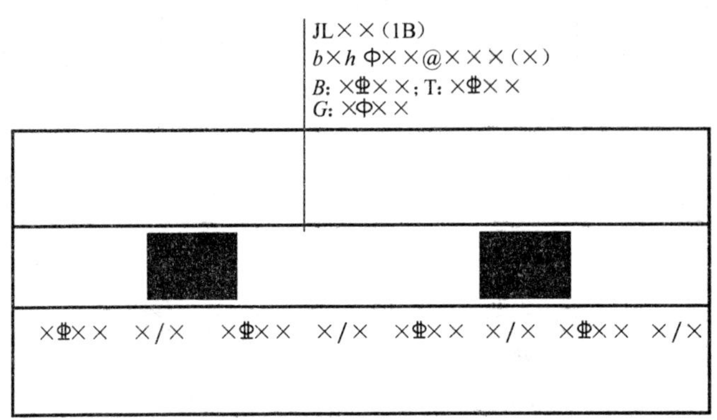

图 2-16　双柱独立基础的基础梁配筋注写示意

（3）注写双柱独立基础的底板配筋。双柱独立基础底板配筋的注写，可以按条形基础底板的注写规定，也可以按独立基础底板的注写规定。

（4）注写配置两道基础梁的四柱独立基础底板顶部配筋。当四柱独立基础已设置两道平行的基础梁时，根据内力需要可在双梁之间以及梁的长度范围内配置基础顶部钢筋，注写为：梁间受力钢筋/分布钢筋。

平行设置两道基础梁的四柱独立基础底板配筋，也可按双梁条形基础底板配筋的注写规定。

6. 独立基础采用平面注写方式时，如何进行综合设计表达示意？

（1）普通独立基础采用平面注写方式的集中标注和原位标注综合设计表达示意，如图 2-17 所示。

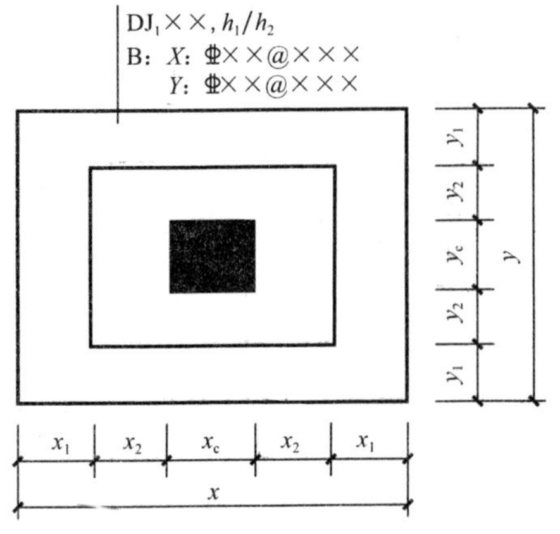

图 2-17　普通独立基础平面注写方式设计表达示意

带短柱独立基础采用平面注写方式的集中标注和原位标注综合设计表达示意，如图 2-18 所示。

（2）杯口独立基础采用平面注写方式的集中标注和原位标注综合设计表达示意，如图 2-19 所示。

在图 2-19 中，集中标注的第三、四行内容是表达高杯口独立基础短柱的竖向纵筋和横向箍筋；当为杯口独立基础时，集中标注通常为第一、二、五行的内容。

（3）采用平面注写方式表达的独立基础设计施工图，如图 2-20 所示。

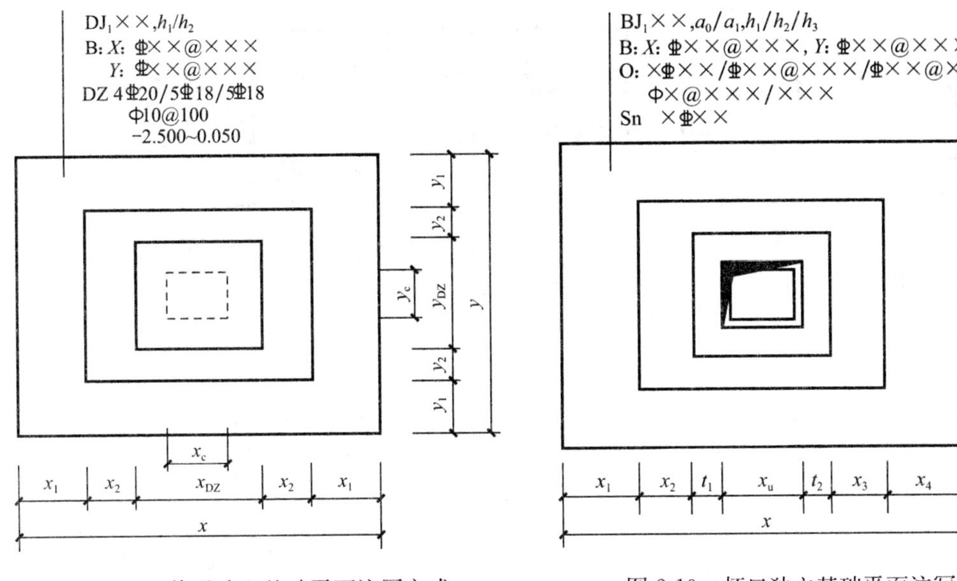

图 2-18　普通独立基础平面注写方式设计表达示意

图 2-19　杯口独立基础平面注写方式设计表达示意

7. 独立基础的截面注写方式包括哪些内容？

独立基础的截面注写方式，可分为截面标注和列表注写（结合截面示意图）两种表达方式。

采用截面注写方式，应在基础平面布置图上对所有基础进行编号，见表 2-1。

（1）截面标注

截面标注适用于单个基础的标注，与传统“单构件正投影表示方法”基本相同。对于已在基础平面布置图上原位标注清楚的该基础的平面几何尺寸，在截面图上可不再重复表达，具体表达内容可参照《16G101-3》图集中相应的标准构造。

（2）列表标注

列表标注主要适用于多个同类基础的标注的集中表达。表中内容为基础截面的几何数据和配筋等，在截面示意图上应标注与表中栏目相对应的代号。

1）普通独立基础列表格式见表 2-2。

普通独立基础几何尺寸和配筋表　　　　**表 2-2**

基础编号/截面号	截面几何尺寸				底部配筋（B）	
	x、y	x_c、y_c	x_i、y_i	$h_1/h_2/\cdots\cdots$	X 向	Y 向

注：表中可根据实际情况增加栏目。例如：当基础底面标高与基础底面基准标高不同时，加注基础底面标高；当为双柱独立基础时，加注基础顶部配筋或基础梁几何尺寸和配筋；当设置短柱时增加短柱尺寸及配筋等。

表中各项栏目含义：

① 编号：阶形截面编号为 DJ_J××，坡形截面编号为 DJ_P××。

② 几何尺寸：水平尺寸 x、y，x_c、y_c（或圆柱直径 d_c），x_i、y_i，$i=1$，2，3……；竖向尺寸 $h_1/h_2/\cdots\cdots$。

③ 配筋：B：X：⌀××@×××，Y：⌀××@×××。

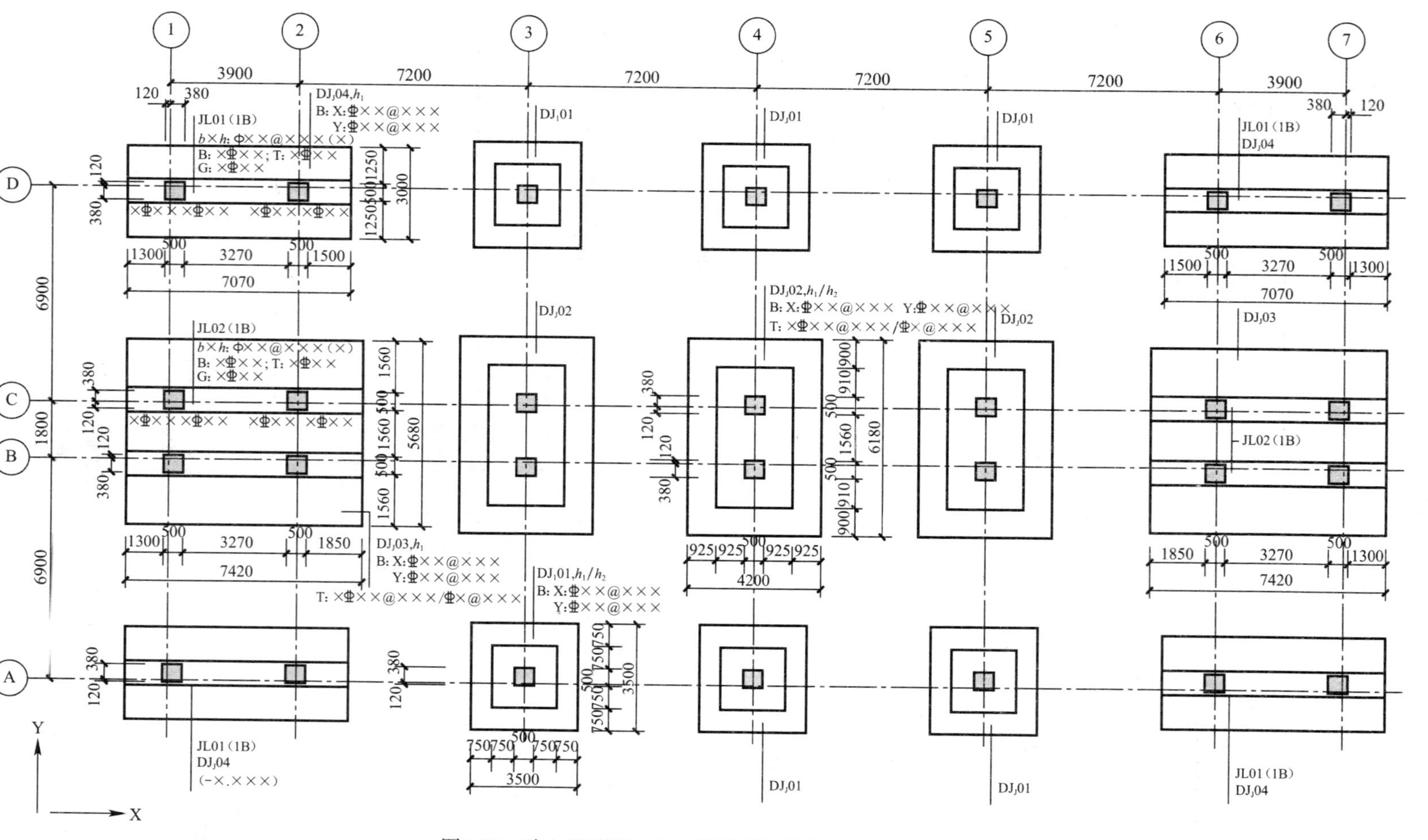

图2-20　独立基础平法施工图平面注写方式示例

注：1. X、Y为图面方向。
2. ±0.000的绝对标高（m）：×××.×××；基础底面基准标高（m）：-×.×××。

2）杯口独立基础列表格式见表 2-3。

杯口独立基础几何尺寸和配筋表 **表 2-3**

基础编号/截面号	截面几何尺寸				底部配筋（B）		杯口顶部钢筋网（Sn）	短柱配筋（O）	
	x、y	x_c、y_c	x_i、y_i	a_0、a_1，$h_1/h_2/h_3$……	X向	Y向		角筋/长边中部筋/短边中部筋	杯口壁箍筋/其他部位箍筋

注：1. 表中可根据实际情况增加栏目。如当基础底面标高与基础底面基准标高不同时，加注基础底面标高；或增加说明栏目等。
2. 短柱配筋适用于高杯口独立基础，并适用于杯口独立基础杯壁有配筋的情况。

表中各项栏目含义：

① 编号：阶形截面编号为 BJ_J××，坡形截面编号为 BJ_P××。

② 几何尺寸：水平尺寸 x、y，x_u、y_u，t_i，x_i、y_i，$i=1$，2，3……；竖向尺寸 a_0、a_1，$h_1/h_2/h_3$……。

③ 配筋：B：X：Φ××@×××，Y：Φ××@×××，SnxΦ××，
O：xΦ××/Φ××@×××/Φ××@×××，ϕ××@×××/×××。

2.2 独立基础平法识图

8. 独立基础底板配筋有何构造特点？

独立基础底板配筋构造适用于普通独立基础、杯口独立基础，其配筋构造如图 2-21 所示。

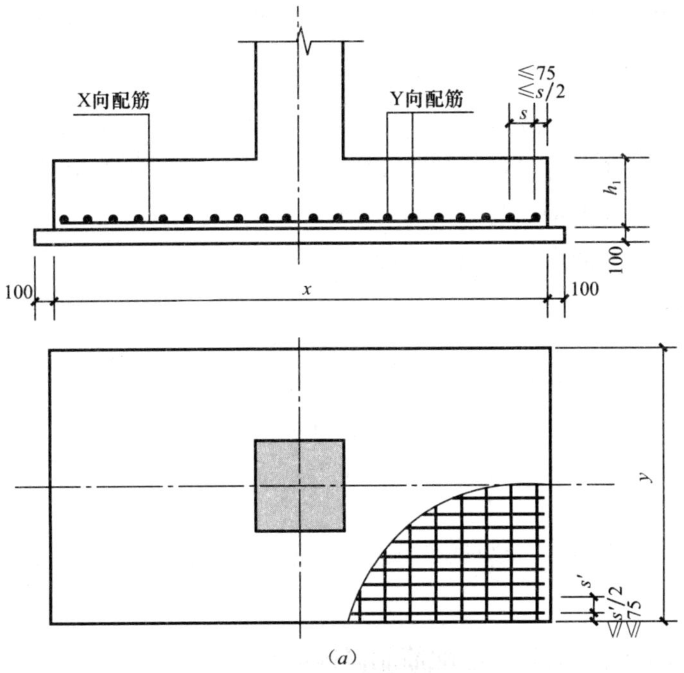

图 2-21 独立基础底板配筋构造（一）

（a）阶形

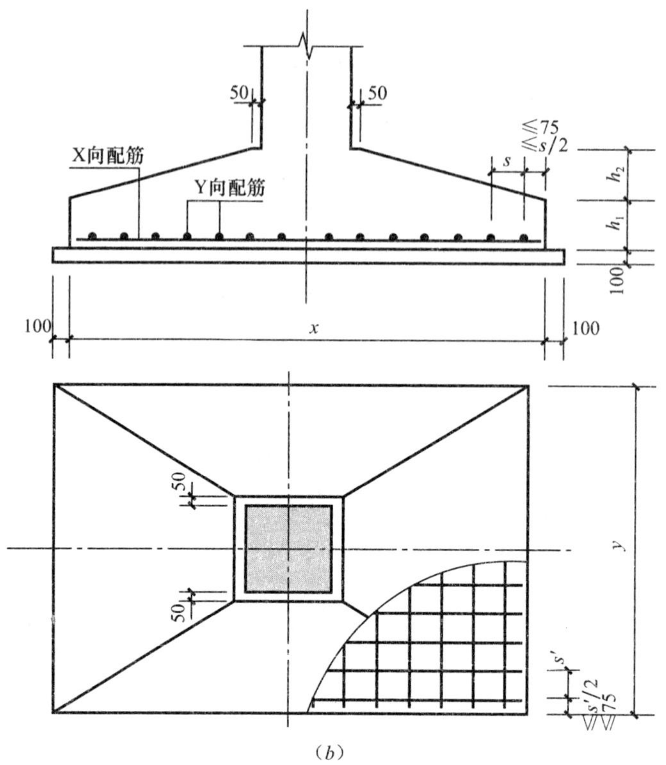

(b)

图 2-21 独立基础底板配筋构造（二）

(b) 坡形

从图中可以读到以下内容：

（1）X 向钢筋

$$长度 = x - 2c$$

$$根数 = [y - 2 \times \min(75, s'/2)]/s' + 1$$

式中 c——钢筋保护层的最小厚度（mm）；

$\min(75, s'/2)$——X 向钢筋起步距离（mm）；

s'——X 向钢筋间距（mm）。

（2）Y 向钢筋

$$长度 = y - 2c$$

$$根数 = [x - 2 \times \min(75, s/2)]/s + 1$$

式中 c——钢筋保护层的最小厚度（mm）；

$\min(75, s/2)$——Y 向钢筋起步距离（mm）；

s——Y 向钢筋间距（mm）。

除此之外，也可看出，独立基础底板双向交叉钢筋布置时，短向设置在上，长向设置在下。

9. 双柱普通独立基础底部与顶部配筋如何构造？

双柱普通独立基础底部与顶部配筋构造如图 2-22 所示。

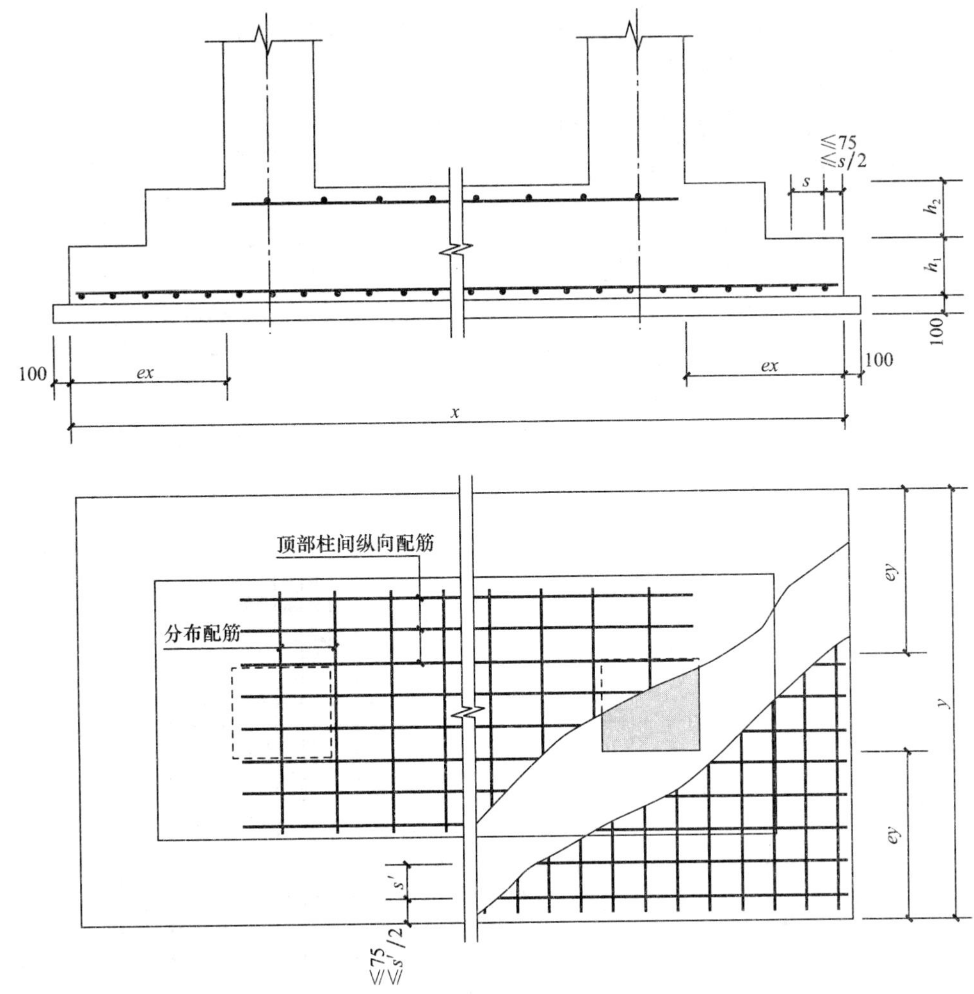

图 2-22 双柱普通独立基础底部与顶部配筋构造

(1) 双柱普通独立基础底板的截面形状，可为阶形截面 DJ_J 或坡形截面 DJ_P。

(2) 几何尺寸和配筋按具体结构设计和本图构造确定。

(3) 双柱普通独立基础底部双向交叉钢筋，根据基础两个方向从柱外缘至基础外缘的伸出长度 ex 和 ey 的大小，较大者方向的钢筋设置在下，较小者方向的钢筋设置在上。

10. 设置基础梁的双柱普通独立基础配筋如何构造?

设置基础梁的双柱普通独立基础配筋构造如图 2-23 所示。

(1) 双柱独立基础底板的截面形状，可为阶形截面 DJ_J 或坡形截面 DJ_P。

(2) 几何尺寸和配筋按具体结构设计和图 2-23 构造确定。

(3) 双柱独立基础底部短向受力钢筋设置在基础梁纵筋之下，与基础梁箍筋的下水平段位于同一层面。

(4) 双柱独立基础所设置的基础梁宽度，宜比柱截面宽度宽≥100mm（每边≥50mm）。当具体设计的基础梁宽度小于柱截面宽度时，施工时应按相关规定增设梁包柱侧腋。

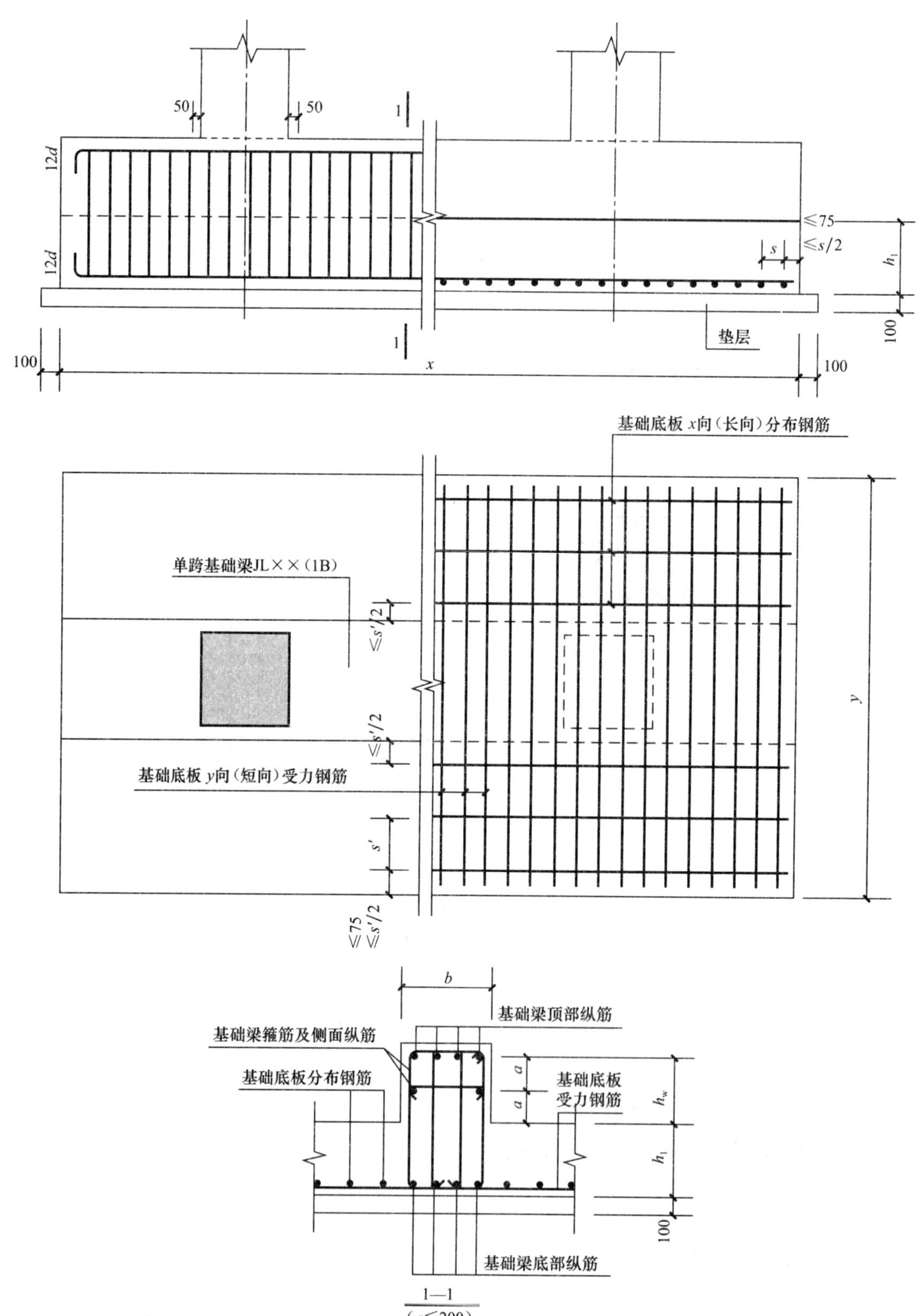

图 2-23 设置基础梁的双柱普通独立基础配筋构造

11. 独立基础底板配筋长度减短 10%构造是如何规定的?

（1）对称独立基础构造

底板配筋长度减短 10%的对称独立基础构造，见图 2-24。

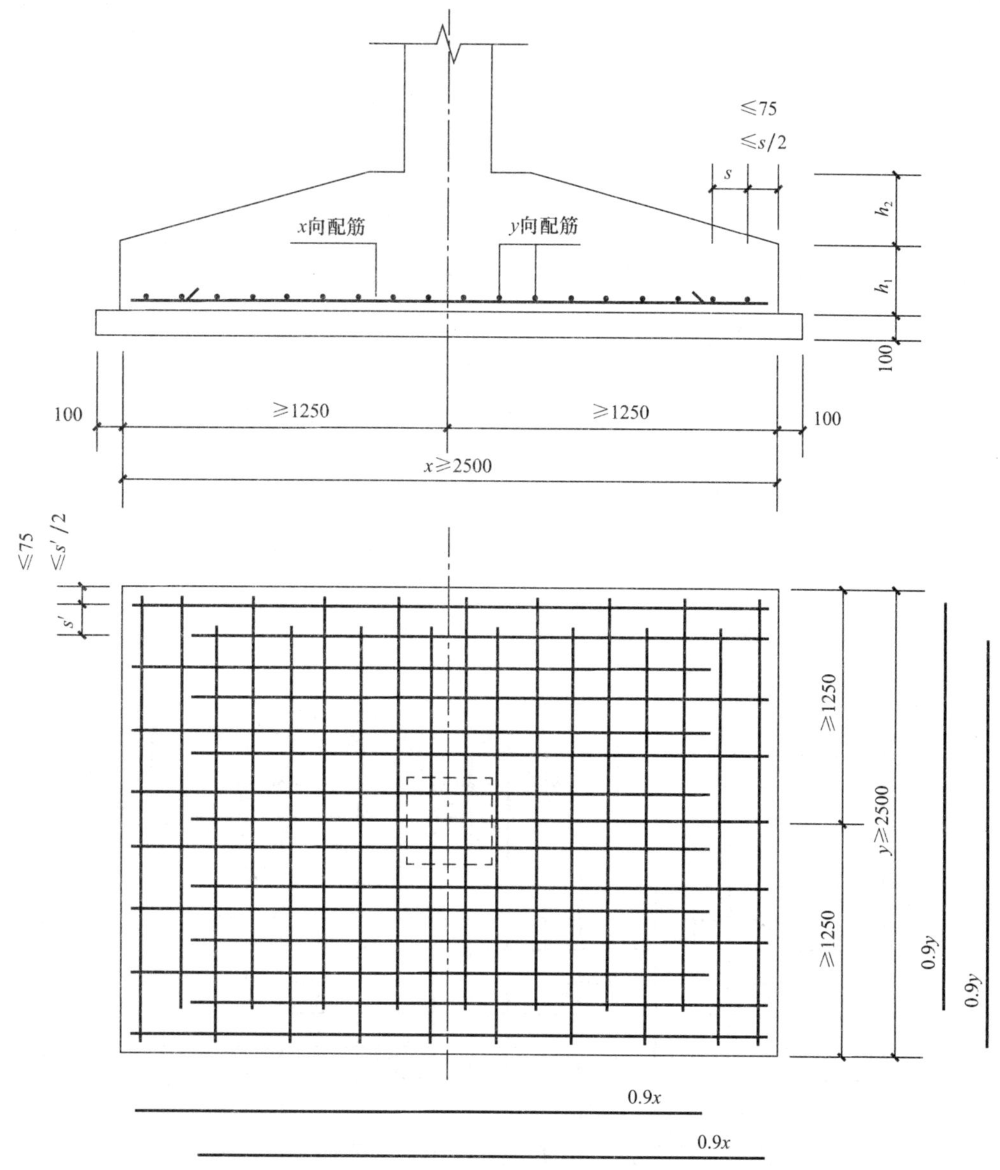

图 2-24　对称独立基础底板配筋长度减短 10%构造

1）构造要点

当对称独立基础底板的长度不小于 2500mm 时，各边最外侧钢筋不缩减；除了外侧钢筋外，两项其他底板配筋可以减短 10%，即取相应方向底板长度的 0.9 倍，交错放置。

2）计算公式

$$外侧钢筋长度 = x - 2c 或 y - 2c$$

$$其他钢筋长度 = 0.9x 或 = 0.9y$$

式中 c——钢筋保护层的最小厚度。

（2）非对称独立基础

底板配筋长度减短 10％的非对称独立基础构造，见图 2-25。

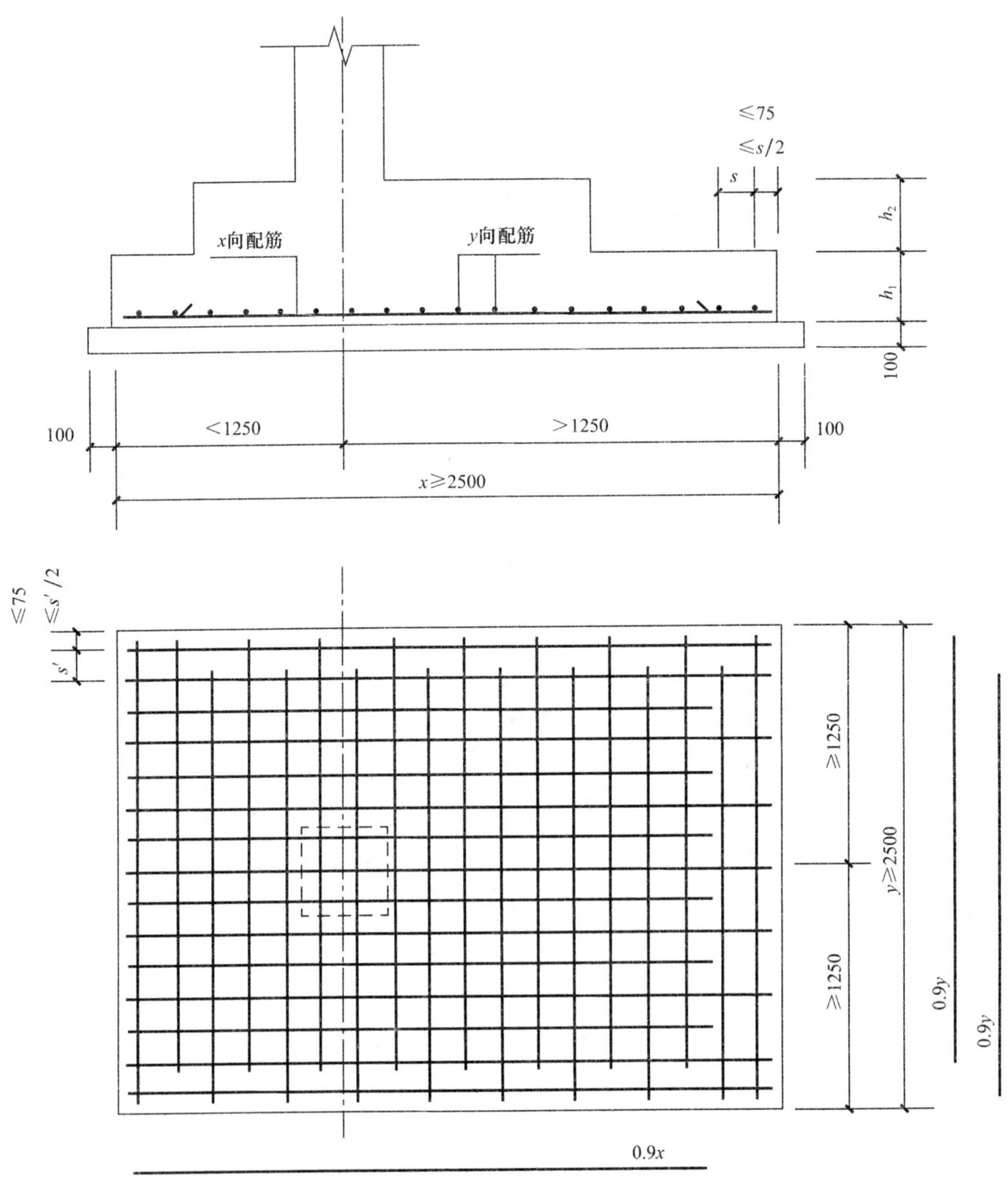

图 2-25　非对称独立基础底板配筋长度减短 10％构造

1）构造要点

当非对称独立基础底板的长度不小于2500mm时，各边最外侧钢筋不缩减；对称方向（图中y向）中部钢筋长度减短10%；非对称方向（图中x向）：当基础某侧从柱中心至基础底板边缘的距离小于1250mm时，该侧钢筋不减短；当基础某侧从柱中心至基础底板边缘的距离不小于1250mm时，该侧钢筋隔一根减短一根。

2）计算公式

$$\text{外侧钢筋(不减短)长度} = x - 2c \text{ 或 } y - 2c$$

$$\text{对称方向中部钢筋长度} = 0.9y$$

非对称方向，中部钢筋长度$=x-2c$；在减短时，中部钢筋长度$=0.9y$。

式中　c——钢筋保护层的最小厚度。

12. 杯口和双杯口独立基础如何进行构造？

杯口和双杯口独立基础构造如图2-26所示。

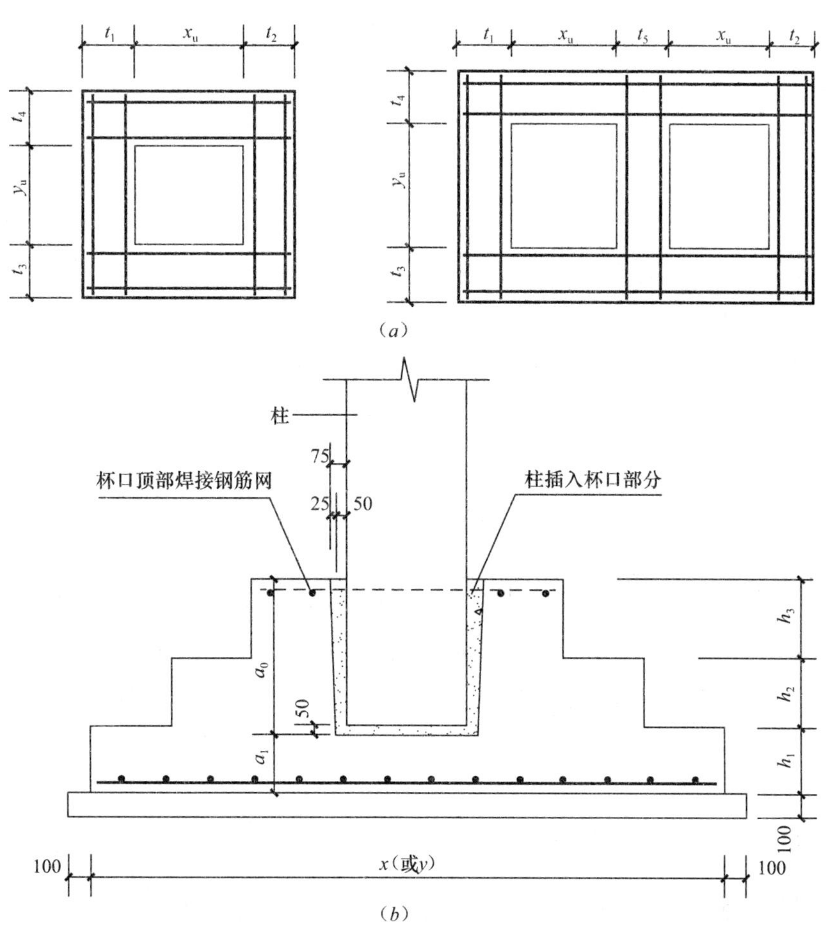

图2-26　杯口和双杯口独立基础构造（一）

（a）杯口顶部焊接钢筋网；（b）杯口独立基础构造

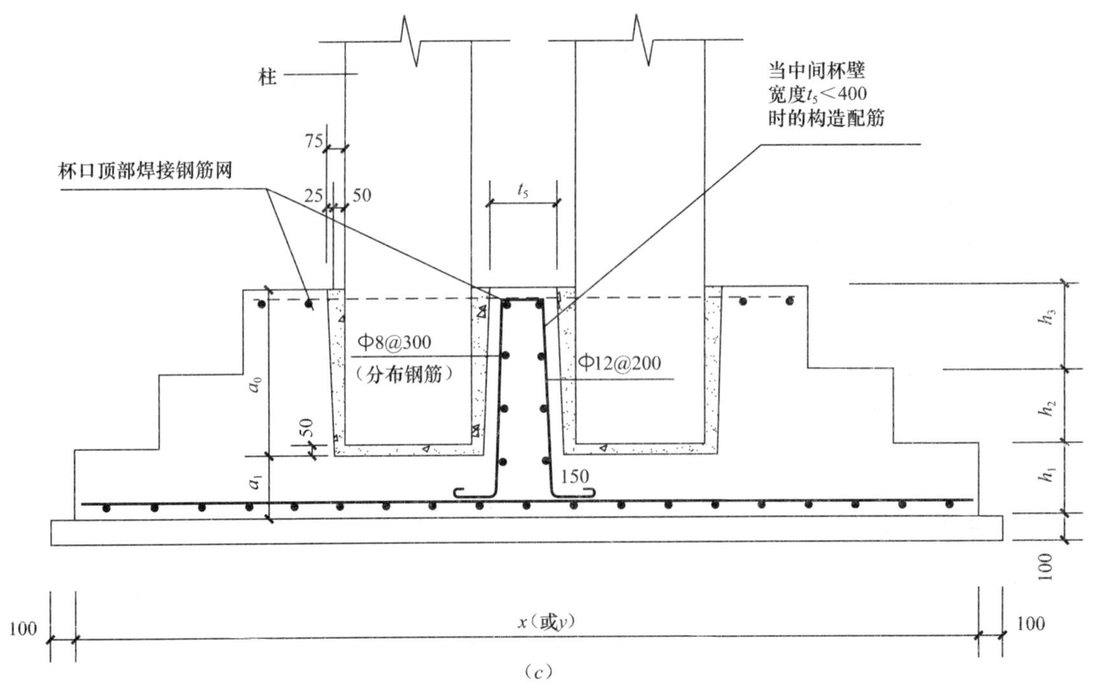

图 2-26　杯口和双杯口独立基础构造（二）

（c）双杯口独立基础构造

（1）杯口独立基础底板的截面形状可为阶形截面 BJ_J 或坡形截面 BJ_P。当为坡形截面且坡度较大时，应在坡面上安装顶部模板，以确保混凝土能够浇筑成型、振捣密实。

（2）几何尺寸和配筋按具体结构设计和本图构造确定。

（3）基础底板底部钢筋构造，详见独立基础底板配筋构造。

（4）当双杯口的中间杯壁宽度 t_5<400mm 时，中间杯壁中配置的构造钢筋按图所示施工。

13. 高杯口独立基础的截面形状如何划分？其如何配筋？

高杯口独立基础底板的截面形状可为阶形截面 BJ_J 或坡形截面 BJ_P。当为坡形截面且坡度较大时，应在坡面上安装顶部模板，以确保混凝土能够浇筑成型、振捣密实。高杯口独立基础配筋构造，如图 2-27 所示。

14. 双高杯口独立基础如何配筋？

双高杯口独立基础配筋构造如图 2-28 所示。当双杯口的中间杯壁宽度 t_5<400mm 时，设置中间杯壁构造配筋。

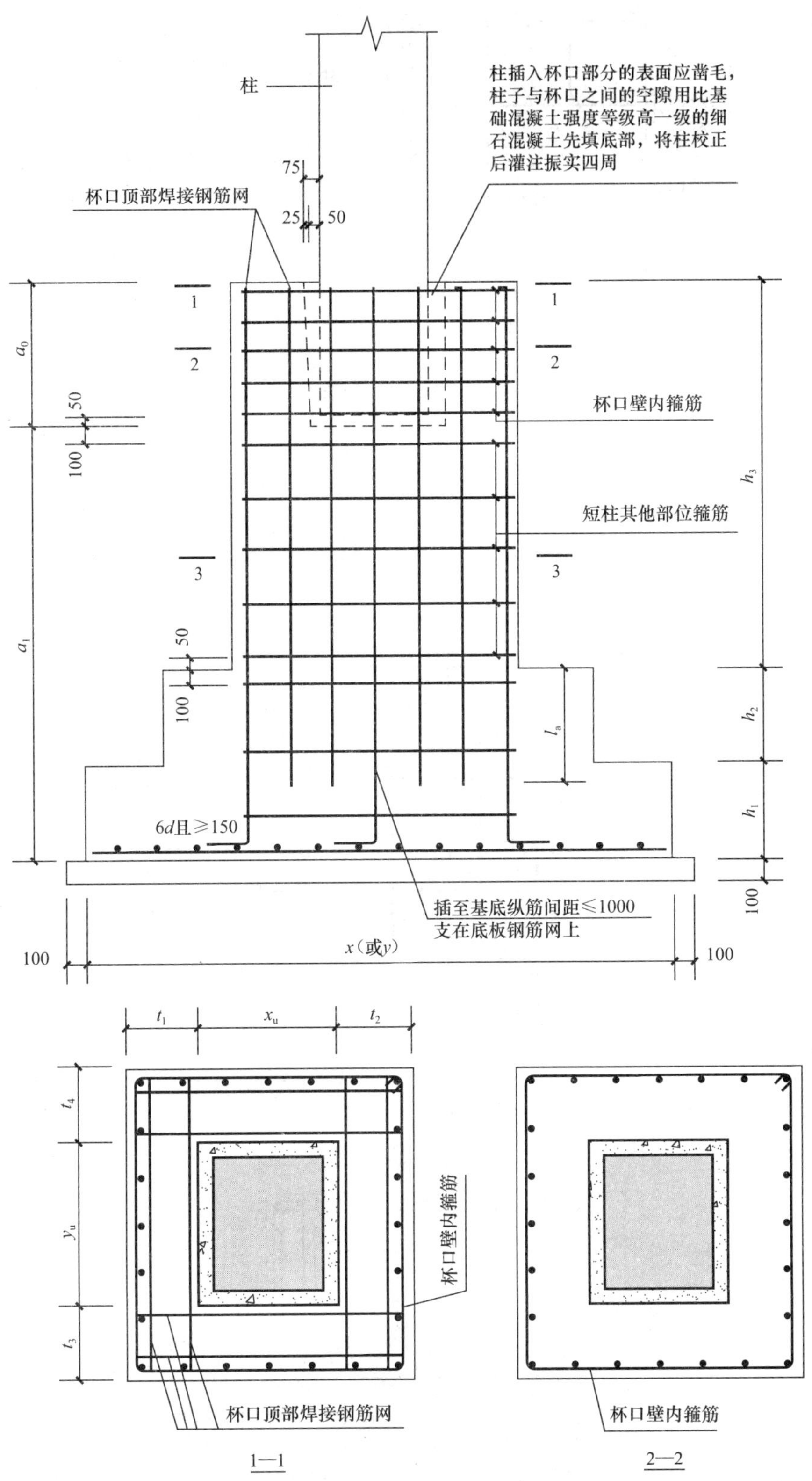

图 2-27　高杯口独立基础配筋构造（一）

拉筋在短柱其他部位设置，其规格、间距同短柱其他部位箍筋，两向相对于短柱纵筋隔一拉一
y向中部竖向纵筋
角筋
x向中部竖向纵筋
3—3

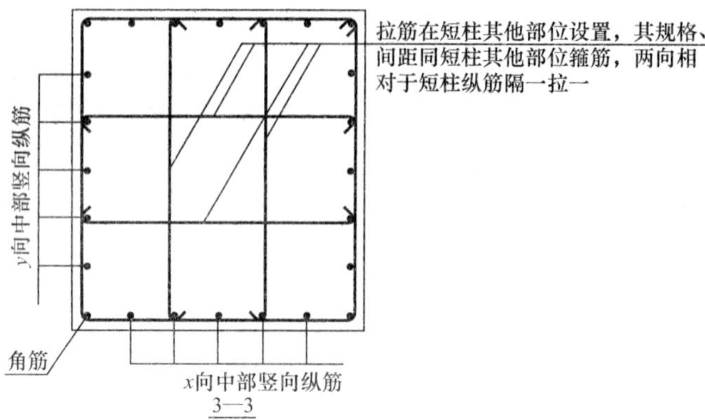

图 2-27　高杯口独立基础配筋构造（二）

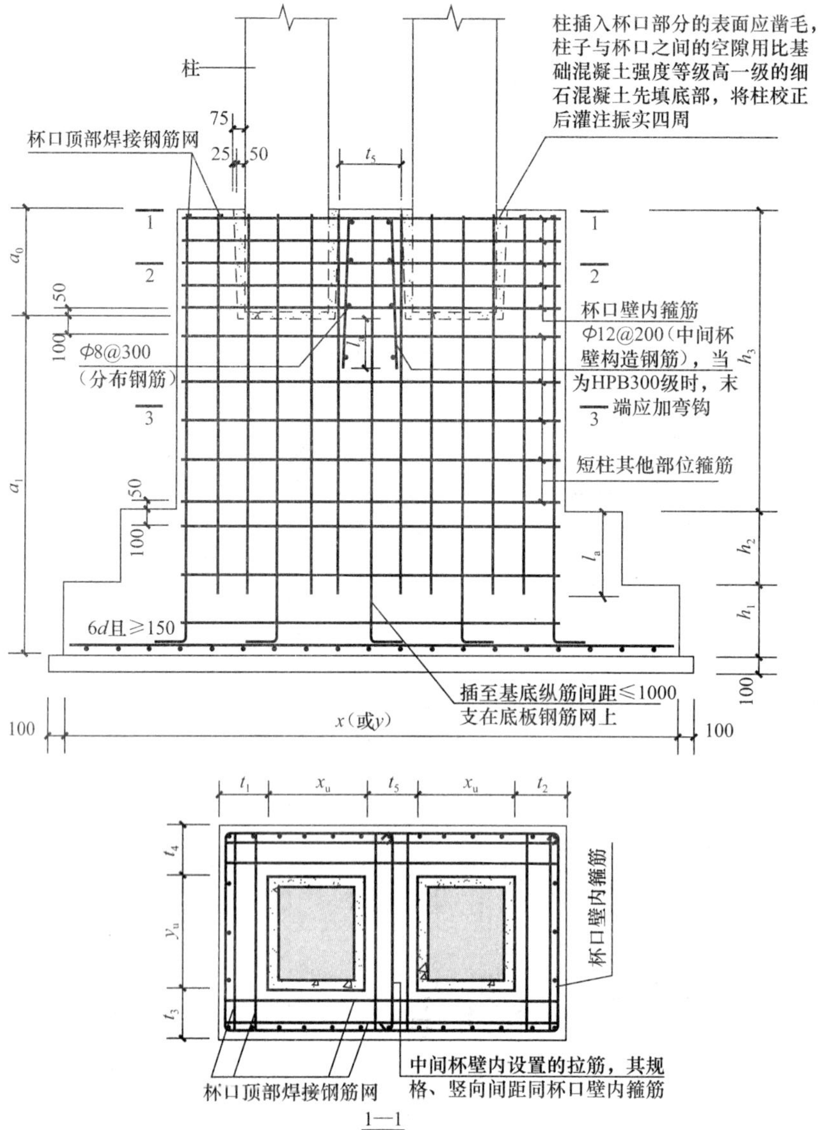

柱插入杯口部分的表面应凿毛，柱子与杯口之间的空隙用比基础混凝土强度等级高一级的细石混凝土先填底部，将柱校正后灌注振实四周
柱
杯口顶部焊接钢筋网
75
25
50
t_5
a_0
50
100
Φ8@300
（分布钢筋）
杯口壁内箍筋
Φ12@200（中间杯壁构造钢筋），当为HPB300级时，末端应加弯钩
短柱其他部位箍筋
l_a
a_1
h_3
h_2
h_1
6d且≥150
插至基底纵筋间距≤1000
支在底板钢筋网上
100
x（或y）
100
t_1
x_u
t_5
x_u
t_2
t_4
y_u
t_3
杯口壁内箍筋
杯口顶部焊接钢筋网
中间杯壁内设置的拉筋，其规格、竖向间距同杯口壁内箍筋
1—1

图 2-28　双高杯口独立基础配筋构造（一）

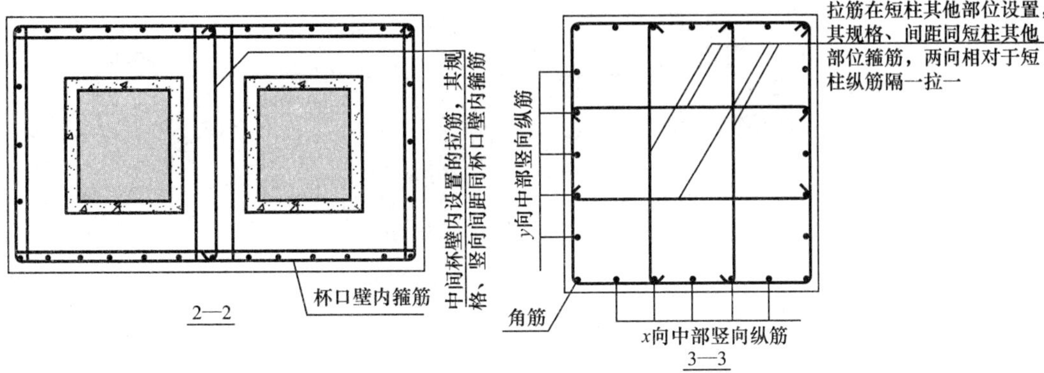

图 2-28　双高杯口独立基础配筋构造（二）

15. 单柱带短柱独立基础如何配筋?

单柱带短柱独立基础配筋构造如图 2-29 所示。

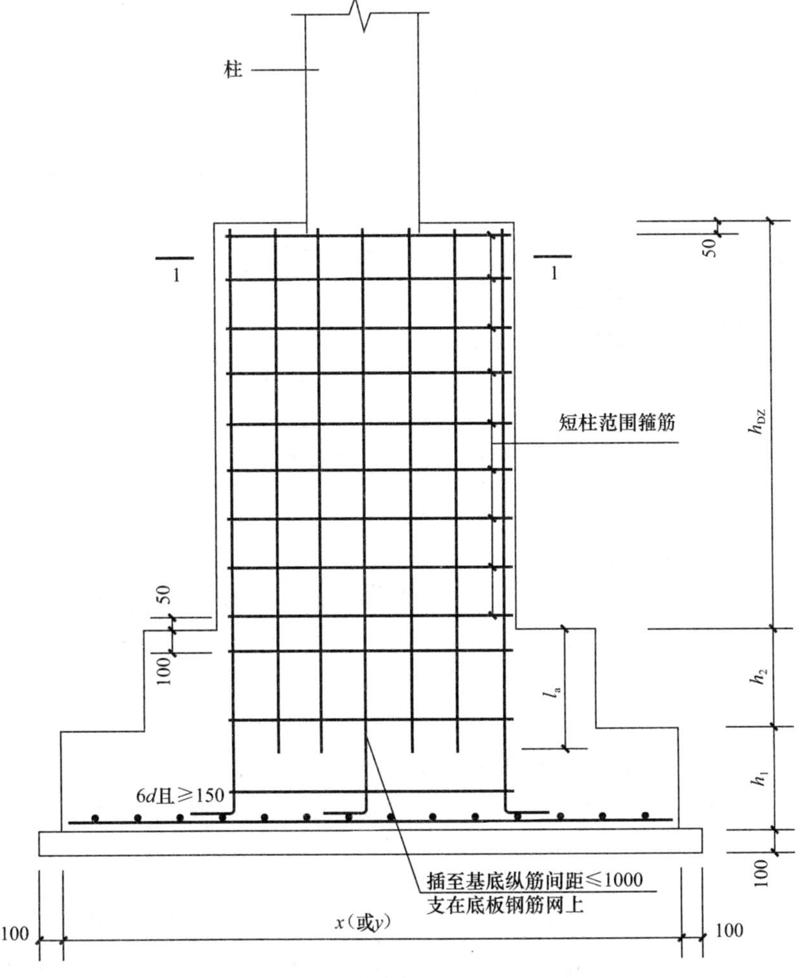

图 2-29　单柱带短柱独立基础配筋构造（一）

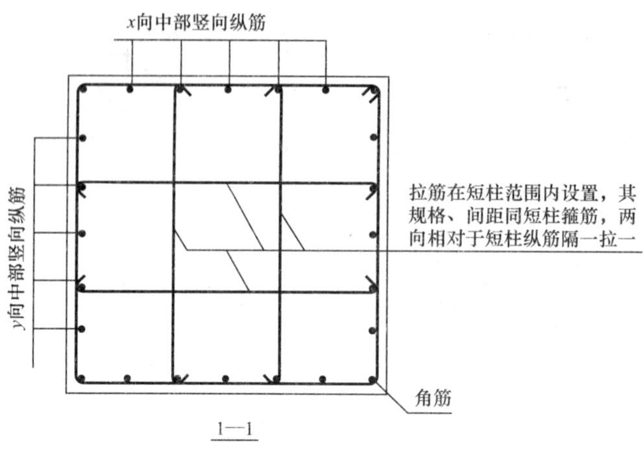

图 2-29　单柱带短柱独立基础配筋构造（二）

从图中可以读到以下内容：

（1）带短柱独立基础底板的截面形式可为阶形截面 BJ_J 或坡形截面 BJ_P。当为坡形截面且坡度较大时，应在坡面上安装顶部模板，以确保混凝土能够浇筑成型、振捣密实。

（2）短柱角部纵筋和部分中间纵筋插至基底纵筋间距≤1000mm 支在底板钢筋网上，其余中间的纵筋不插至基底，仅锚入基础 l_a。

（3）端柱箍筋在基础顶面以上 50mm 处开始布置；短柱在基础内部的箍筋在基础顶面以下 100mm 处开始布置。

（4）拉筋在端柱范围内设置，其规格、间距同短柱箍筋，两向相对于端柱纵筋隔一拉一。如图中“1—1”断面图所示。

（5）几何尺寸和配筋按具体结构设计和本图构造确定。

16. 双柱带短柱独立基础如何配筋？

双柱带短柱独立基础配筋构造如图 2-30 所示。

从图中可以读到以下内容：

（1）带短柱独立基础底板的截面形式可为阶形截面 BJ_J 或坡形截面 BJ_P。当为坡形截面且坡度较大时，应在坡面上安装顶部模板，以确保混凝土能够浇筑成型、振捣密实。

（2）短柱角部纵筋和部分中间纵筋插至基底纵筋间距≤1000mm 支在底板钢筋网上，其余中间的纵筋不插至基底，仅锚入基础 l_a。

（3）端柱箍筋在基础顶面以上 50mm 处开始布置；短柱在基础内部的箍筋在基础顶面以下 100mm 处开始布置。

（4）如图中“1—1”断面图所示，拉筋在端柱范围内设置，其规格、间距同短柱箍筋，两向相对于端柱纵筋隔一拉一。

（5）几何尺寸和配筋按具体结构设计和本图构造确定。

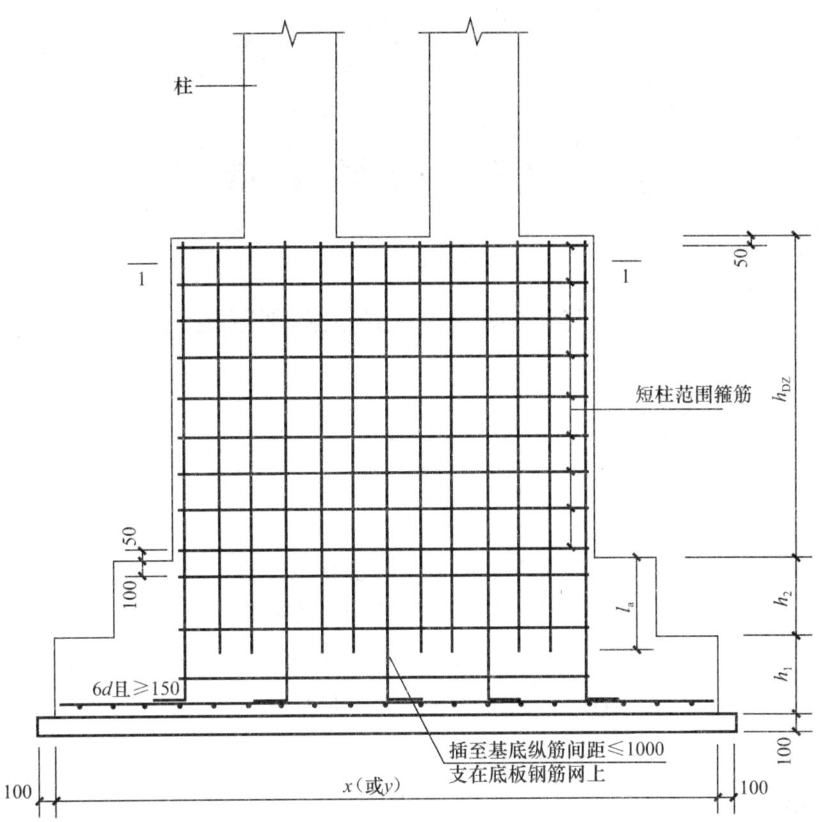

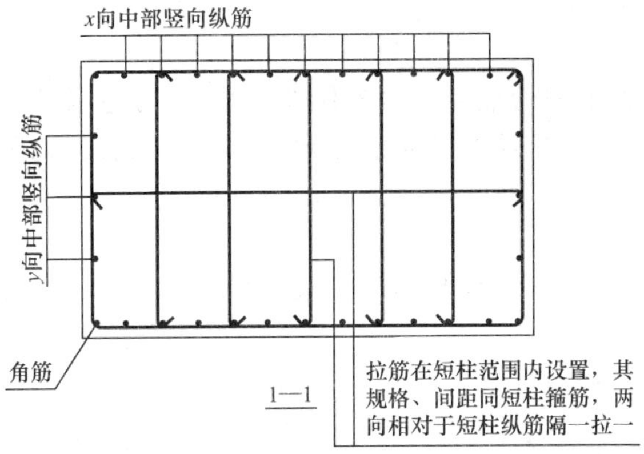

图 2-30 双柱带短柱独立基础配筋构造

第3章 条形基础

3.1 条形基础平法施工图制图规则

1. 条形基础平法施工图有哪些表示方法?

条形基础平法施工图，有平面注写与截面注写两种表达方式，设计者可根据具体工程情况选择一种，或将两种方式相结合进行条形基础的施工图设计。

当绘制条形基础平面布置图时，应将条形基础平面与基础所支承的上部结构的柱、墙一起绘制。当基础底面标高不同时，需注明与基础底面基准标高不同之处的范围和标高。

当梁板式基础梁中心或板式条形基础板中心与建筑定位轴线不重合时，应标注其定位尺寸；对于编号相同的条形基础，可仅选择一个进行标注。

2. 条形基础有哪些种类?

条形基础整体上可分为两类：

（1）梁板式条形基础

该类条形基础适用于钢筋混凝土框架结构、框架-剪力墙结构、部分框支剪力墙结构和钢结构。平法施工图将梁板式条形基础分解为基础梁和条形基础底板分别进行表达。

（2）板式条形基础

该类条形基础适用于钢筋混凝土剪力墙结构和砌体结构。平法施工图仅表达条形基础底板。

3. 条形基础如何进行编号?

条形基础编号分为基础梁编号和条形基础底板编号，见表3-1。

条形基础梁及底板编号　　表3-1

类型		代号	序号	跨数及有无外伸
基础梁		JL	××	（××）端部无外伸 （××A）一端有外伸 （××B）两端有外伸
条形基础底板	阶形	TJB_P	××	
	坡形	TJB_J	××	

注：条形基础通常采用坡形截面或单阶形截面。

4. 基础梁集中标注包括哪些内容?

基础梁的集中标注内容包括基础梁编号、截面尺寸和配筋三项必注内容，以及基础梁底面标高（与基础底面基准标高不同时）和必要的文字注解两项选注内容。

（1）基础梁编号

基础梁编号，见表3-1。

（2）截面尺寸

基础梁截面尺寸注写方式为“$b\times h$”，表示梁截面宽度与高度。当为竖向加腋梁时，注写方式为“$b\times h$　Y$c_1\times c_2$”，其中 c_1 为腋长，c_2 为腋高。

（3）配筋

1）基础梁箍筋

① 当具体设计仅采用一种箍筋间距时，注写钢筋级别、直径、间距与肢数（箍筋肢数写在括号内，下同）。

② 当具体设计采用两种箍筋时，用“/”分隔不同箍筋，按照从基础梁两端向跨中的顺序注写。先注写第1段箍筋（在前面加注箍筋道数），在斜线后再注写第2段箍筋（不再加注箍筋道数）。

施工时应注意：两向基础梁相交的柱下区域，应有一向截面较高的基础梁箍筋贯通设置；当两向基础梁高度相同时，任选一向基础梁箍筋贯通设置。

2）基础梁底部、顶部及侧面纵向钢筋

① 以B打头，注写梁底部贯通纵筋（不应少于梁底部受力钢筋总截面面积的1/3）。当跨中所注根数少于箍筋肢数时，需要在跨中增设梁底部架立筋以固定箍筋，采用“+”将贯通纵筋与架立筋相连，架立筋注写在加号后面的括号内。

② 以T打头，注写梁顶部贯通纵筋。注写时用分号“;”将底部与顶部贯通纵筋分隔开，如有个别跨与其不同者按原位注写的规定处理。

③ 当梁底部或顶部贯通纵筋多于一排时，用“/”将各排纵筋自上而下分开。

④ 以大写字母G打头注写梁两侧面对称设置的纵向构造钢筋的总配筋值（当梁腹板净高 h_w 不小于450mm时，根据需要配置）。

当需要配置抗扭纵向钢筋时，梁两个侧面设置的抗扭纵向钢筋以N打头。

注：1. 当为梁侧面构造钢筋时，其搭接与锚固长度可取为 $15d$。

2. 当为梁侧面受扭纵向钢筋时，其锚固长度为 l_a，搭接长度为 l_l；其锚固方式同基础梁上部纵筋。

（4）基础梁底面标高

当条形基础的底面标高与基础底面基准标高不同时，将条形基础底面标高注写在“（　）”内。

（5）文字注解

当基础梁的设计有特殊要求时，宜增加必要的文字注解。

5. 基础梁原位标注注写方式包括哪些内容?

基础梁 JL 的原位标注注写方式如下：

（1）基础梁支座的底部纵筋，系指包含贯通纵筋与非贯通纵筋在内的所有纵筋：

1）当底部纵筋多于一排时，用“/”将各排纵筋自上而下分开。

2）当同排纵筋有两种直径时，用“+”将两种直径的纵筋相连。

3）当梁支座两边的底部纵筋配置不同时，需在支座两边分别标注；当梁支座两边的底部纵筋相同时，可仅在支座的一边标注。

4）当梁支座底部全部纵筋与集中注写过的底部贯通纵筋相同时，可不再重复做原位标注。

5）竖向加腋梁加腋部位钢筋，需在设置加腋的支座处以 Y 打头注写在括号内。

设计时应注意：对于底部一平梁的支座两边配筋值不同的底部非贯通纵筋（“底部一平”为“梁底部在同一个平面上”的缩略词），应先按较小一边的配筋值选配相同直径的纵筋贯穿支座，再将较大一边的配筋差值选配适当直径的钢筋锚入支座，避免造成支座两边大部分钢筋直径不相同的不合理配置结果。

施工及预算方面应注意：当底部贯通纵筋经原位注写修正，出现两种不同配置的底部贯通纵筋时，应在两毗邻跨中配置较小一跨的跨中连接区域进行连接（即配置较大一跨的底部贯通纵筋需伸出至毗邻跨的跨中连接区域）。

（2）原位注写基础梁的附加箍筋或（反扣）吊筋。当两向基础梁十字交叉，但交叉位置无柱时，应根据需要设置附加箍筋或（反扣）吊筋。

将附加箍筋或（反扣）吊筋直接画在平面图中条形基础主梁上，原位直接引注总配筋值（附加箍筋的肢数注在括号内）。当多数附加箍筋或（反扣）吊筋相同时，可在条形基础平法施工图上统一注明。少数与统一注明值不同时，再原位直接引注。

施工时应注意：附加箍筋或（反扣）吊筋的几何尺寸应按照标准构造详图，结合其所在位置的主梁和次梁的截面尺寸确定。

（3）原位注写基础梁外伸部位的变截面高度尺寸。当基础梁外伸部位采用变截面高度时，在该部位原位注写 $b\times h_1/h_2$，h_1 为根部截面高度，h_2 为尽端截面高度。

（4）原位注写修正内容。当在基础梁上集中标注的某项内容（如截面尺寸、箍筋、底部与顶部贯通纵筋或架立筋、梁侧面纵向构造钢筋、梁底面标高等）不适用于某跨或某外伸部位时，将其修正内容原位标注在该跨或该外伸部位，施工时原位标注取值优先。

当在多跨基础梁的集中标注中已注明竖向加腋，而该梁某跨根部不需要竖向加腋时，则应在该跨原位标注无 $\mathrm{Y}c_1\times c_2$ 的 $b\times h_1$，以修正集中标注中的竖向加腋要求。

6. 基础梁底部非贯通纵筋的长度是如何规定的?

（1）为方便施工，对于基础梁柱下区域底部非贯通纵筋的伸出长度 a_0 值：当配置不多于两排时，在标准构造详图中统一取值为自柱边向跨内伸出至 $l_n/3$ 位置；当非贯通纵筋配置多于两排时，从第三排起向跨内的伸出长度值应由设计者注明。l_n 的取值规定为：边跨边支座的底部非贯通纵筋，l_n 取本边跨的净跨长度值；对于中间支座的底部非贯通纵筋，l_n 取支座两边较大一跨的净跨长度值。

（2）基础梁外伸部位底部纵筋的伸出长度 a_0 值，在标准构造详图中统一取值为：第一排伸出至梁端头后，全部上弯 12d 或 15d；其他排钢筋伸至梁端头后截断。

（3）设计者在执行第（1）、（2）条底部非贯通纵筋伸出长度的统一取值规定时，应注意按《混凝土结构设计规范（2015 年版）》GB 50010—2010、《建筑地基基础设计规范》GB 50007—2011 和《高层建筑混凝土结构技术规程》JGJ 3—2010 的相关规定进行校核，若不满足时应另行变更。

7. 条形基础底板的集中标注包括哪些内容?

条形基础底板的集中标注内容包括条形基础底板编号、截面竖向尺寸、配筋三项必注内容，以及条形基础底板底面标高（与基础底面基准标高不同时）和必要的文字注解两项选注内容。

（1）条形基础底板编号

条形基础底板，见表 3-1。条形基础底板向两侧的截面形状通常包括以下两种：

1）阶形截面，编号加下标“J”，例如 TJB_J××（××）；

2）坡形截面，编号加下标“P”，例如 TJB_P××（××）。

（2）截面竖向尺寸

1）坡形截面的条形基础底板，注写方式为“h_1/h_2”，见图 3-1。

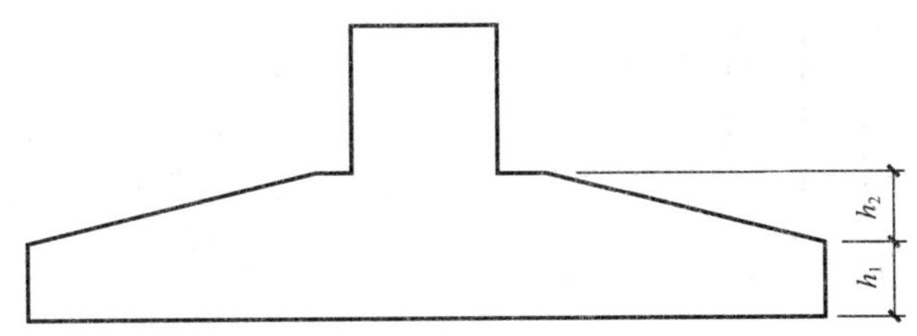

图 3-1　条形基础底板坡形截面竖向尺寸

2）阶形截面的条形基础底板，注写方式为“$h_1/h_2/$……”，见图 3-2。

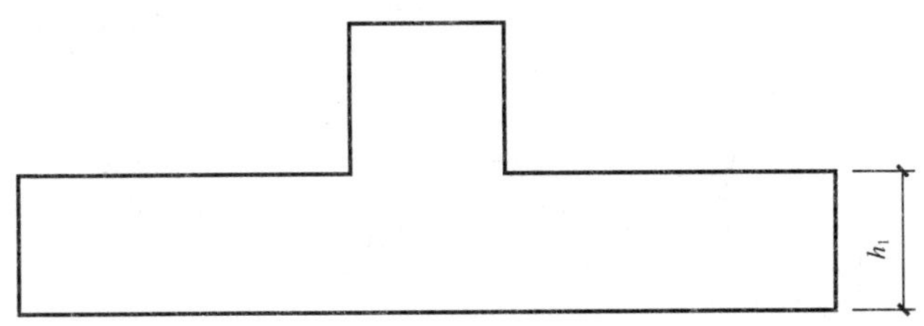

图 3-2　条形基础底板阶形截面竖向尺寸

图 3-2 为单阶，当为多阶时各阶尺寸自下而上以“/”分隔顺写。

(3) 条形基础底板底部及顶部配筋

1) 以 B 打头，注写条形基础底板底部的横向受力钢筋。

2) 以 T 打头，注写条形基础底板顶部的横向受力钢筋；注写时，用“/”分隔条形基础底板的横向受力钢筋与纵向分布钢筋，如图 3-3 和图 3-4 所示。

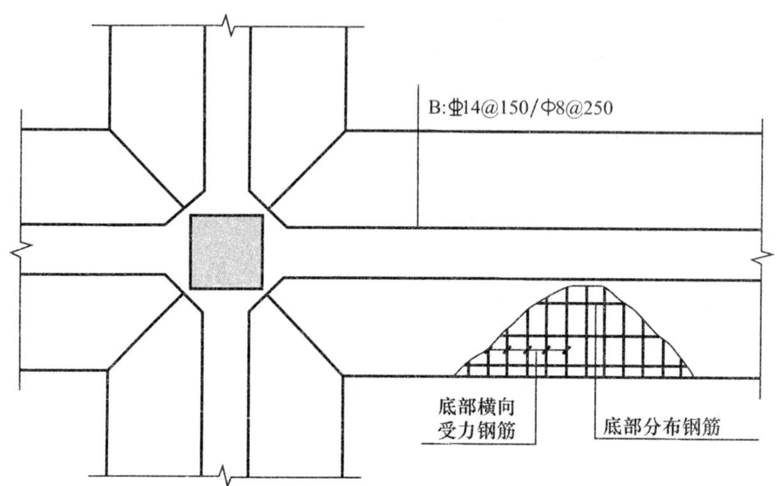

图 3-3 条形基础底板底部配筋示意

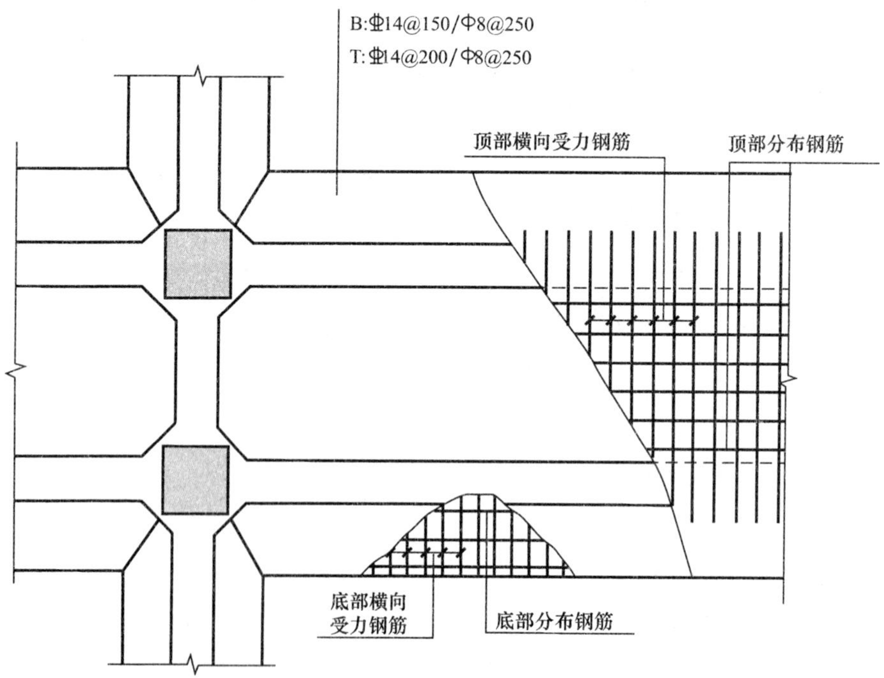

图 3-4 双梁条形基础底板配筋示意

（4）底板底面标高

当条形基础底板的底面标高与条形基础底面基准标高不同时，应将条形基础底板底面标高注写在“（　）”内。

（5）必要的文字注解

当条形基础底板有特殊要求时，应增加必要的文字注解。

8. 条形基础底板的原位标注如何进行注写?

（1）平面尺寸

原位标注方式为“b、b_i，$i=1$，2，……”。其中，b 为基础底板总宽度，如为基础底板台阶的宽度。当基础底板采用对称于基础梁的坡形截面或单阶形截面时，b_i 可不注，见图 3-5。

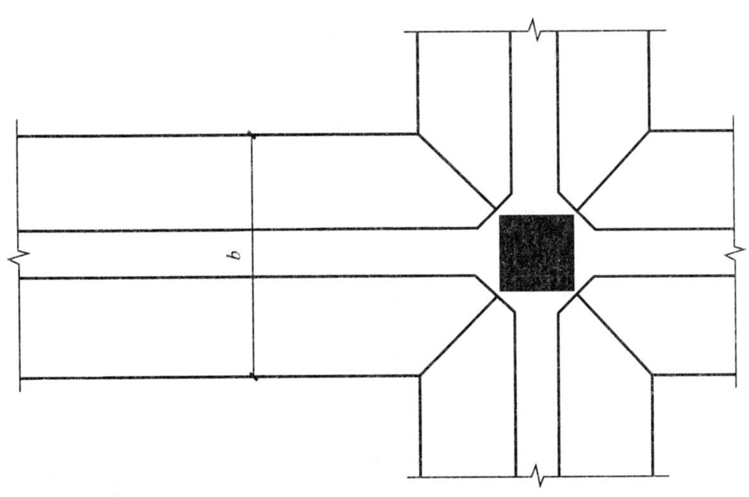

图 3-5　条形基础底板平面尺寸原位标注

对于相同编号的条形基础底板，可仅选择一个进行标注。

条形基础存在双梁或双墙共用同一基础底板的情况，当为双梁或为双墙且梁或墙荷载差别较大时，条形基础两侧可取不同的宽度，实际宽度以原位标注的基础底板两侧非对称的不同台阶宽度 b 进行表达。

（2）原位注写修正内容

当在条形基础底板上集中标注的某项内容，如底板截面竖向尺寸、底板配筋、底板底面标高等，不适用于条形基础底板的某跨或某外伸部分时，可将其修正内容原位标注在该跨或该外伸部位，施工时原位标注取值优先。

9. 条形基础采用平面注写方式时，示意图是什么样的?

采用平面注写方式表达的条形基础设计施工图示意如图 3-6 所示。

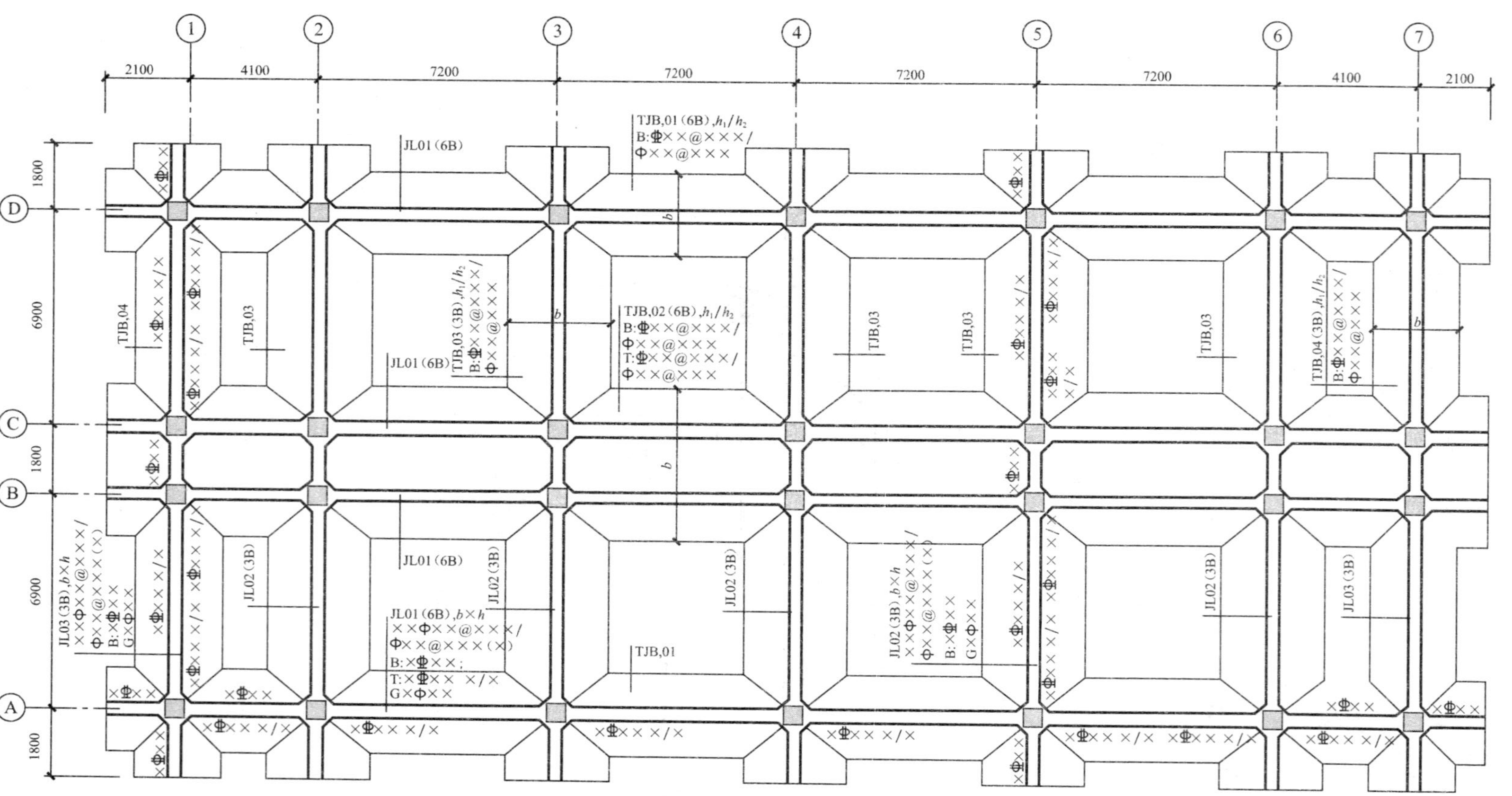

图3-6　条形基础平法施工图平面注写方式示例

注：±0.000的绝对标高（m）：×××.×××；基础底面标高：-×.×××。

10. 条形基础的截面注写方式包括哪两种？其如何进行注写？

条形基础底板的截面注写方式，可分为截面标注和列表注写（结合截面示意图）两种表达方式。

采用截面注写方式，应在基础平面布置图上对所有基础进行编号，见表 3-1。

（1）截面标注

条形基础梁的截面标注的内容与形式，与传统“单构件正投影表示方法”基本相同。对于已在基础平面布置图上原位标注清楚的该条形基础梁的水平尺寸，可不在截面图上重复表达，具体表达内容可参照 16G101-3 图集中相应的标准构造。

（2）列表标注

列表标注主要适用于多个条形基础的集中表达。表中内容为条形基础截面的几何数据和配筋，截面示意图上应标注与表中栏目相对应的代号。列表的具体内容规定如下：

1）基础梁

基础梁列表格式见表 3-2。

基础梁几何尺寸和配筋表 **表 3-2**

基础梁编号/截面号	截面几何尺寸		配筋	
	$b \times h$	竖向加腋 $c_1 \times c_2$	底部贯通纵筋＋非贯通纵筋，顶部贯通纵筋	第一种箍筋/第二种箍筋

注：表中可根据实际情况增加栏目，如增加基础梁地面标高等。

表中各项栏目含义：

① 编号：注写 JL××（××）、JL××（××A）或 JL××（××B）。

② 几何尺寸：梁截面宽度与高度 $b \times h$。当为竖向加腋梁时，注写 $b \times h$　Y$c_1 \times c_2$，其中 c_1 为腋长，c_2 为腋高。

③ 配筋：注写基础梁底部贯通纵筋＋非贯通纵筋，顶部贯通纵筋，箍筋。当设计为两种箍筋时，箍筋注写为：第一种箍筋/第二种箍筋，第一种箍筋为梁端部箍筋，注写内容包括箍筋的箍数、钢筋级别、直径、间距与肢数。

2）条形基础底板

条形基础底板列表格式见表 3-3。

条形基础底板几何尺寸和配筋表 **表 3-3**

基础底板编号/截面号	截面几何尺寸			底部配筋（B）	
	b	b_i	h_1/h_2	横向受力钢筋	纵向分布钢筋

注：表中可根据实际情况增加栏目，如增加上部配筋、基础底板底面标高（与基础底板底面标高不一致时）等。

表中各项栏目含义：

(1) 编号：坡形截面编号为 TJB_P××（××）、TJB_P××（××A）或 TJB_P××

(××B)，阶形截面编号为 TJB_J××（××）、TJB_J××（××A）或 TJB_J××（××B）。

（2）几何尺寸：水平尺寸 b、b_i，$i=1$，2，……；竖向尺寸 h_1/h_2。

（3）配筋：B：⌀××@×××/⌀××@×××。

3.2 条形基础平法识图与计算

11. 条形基础底板配筋如何进行构造？16G101图集增加了哪些内容？

条形基础底板配筋构造如图 3-7、图 3-8 所示，其中图 3-8 是 16G101-3 图集新增加的内容。

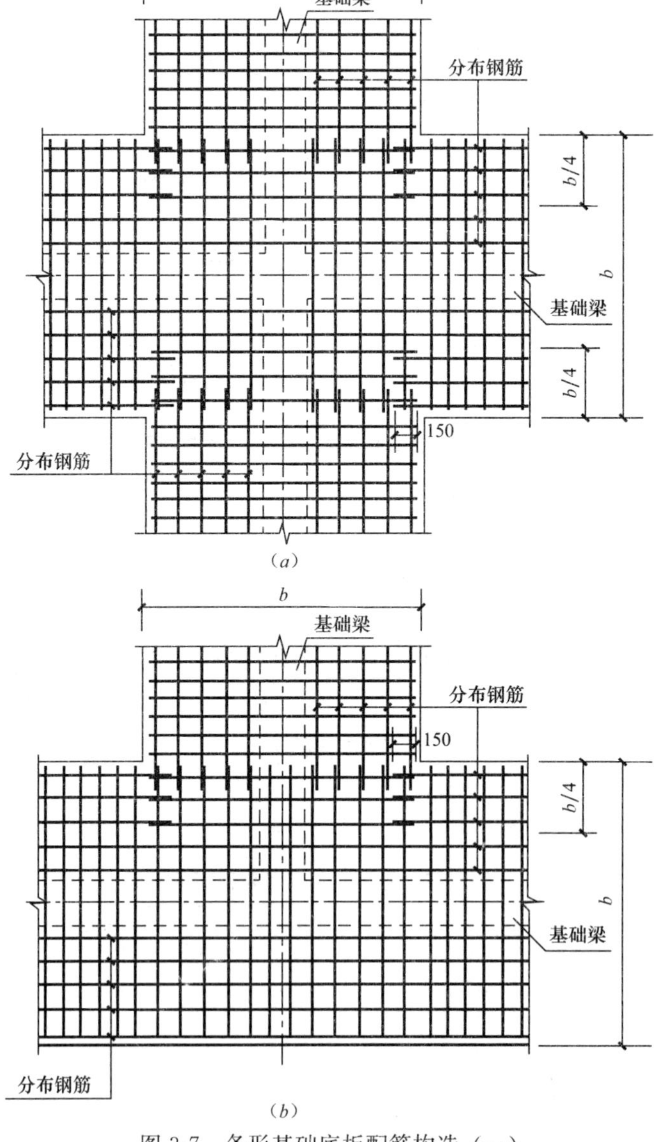

图 3-7 条形基础底板配筋构造（一）

（a）十字交接基础底板，也可用于转角梁板端部均有纵向延伸；（b）丁字交接基础底板

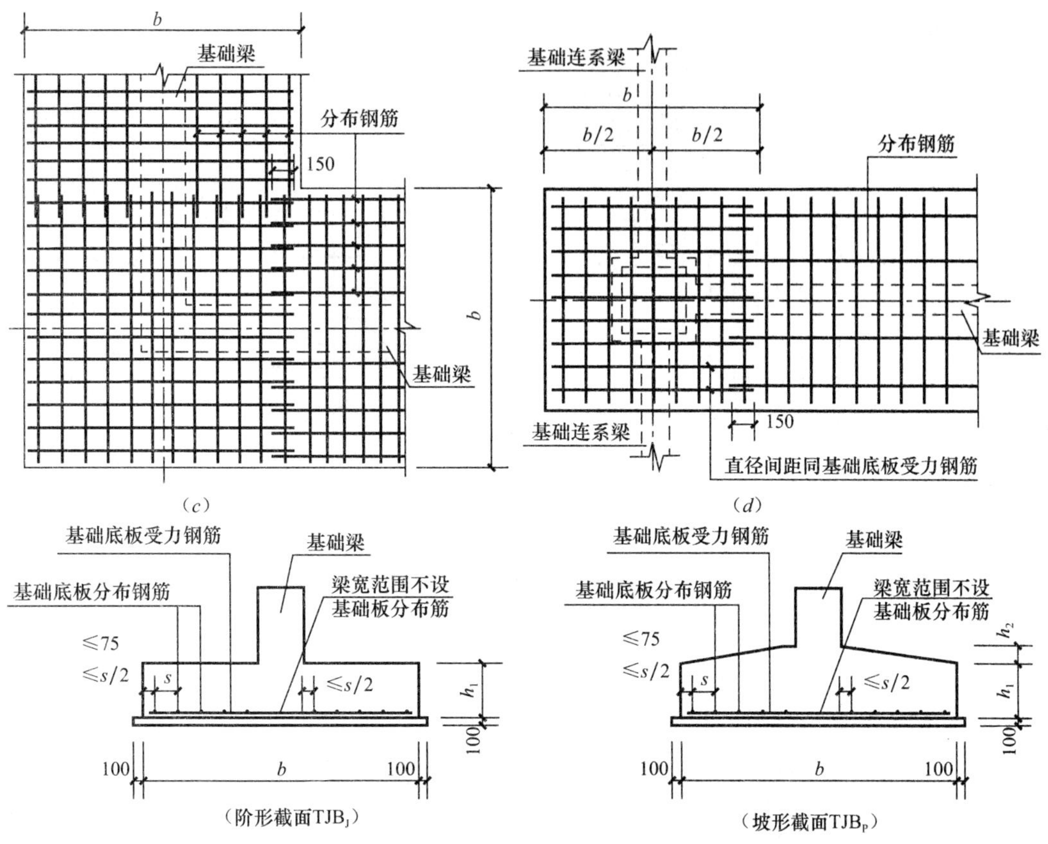

图 3-7　条形基础底板配筋构造（二）

(c) 转角梁板端部无纵处延伸；(d) 条形基础无交接底板端部构造

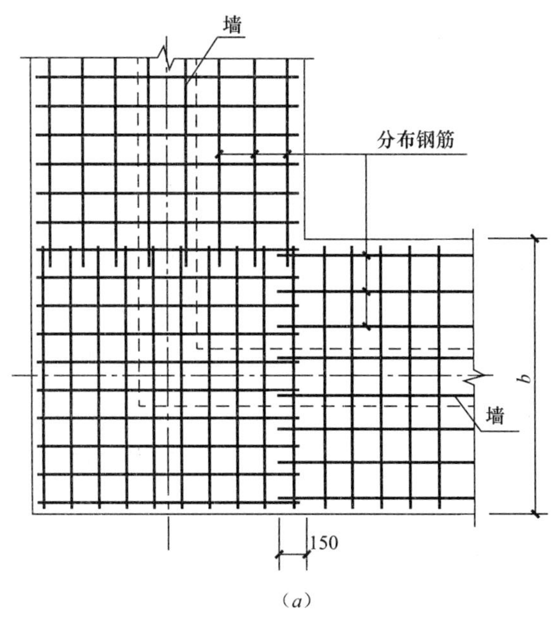

图 3-8　条形基础底板配筋构造（一）

(a) 转角处墙基础底板

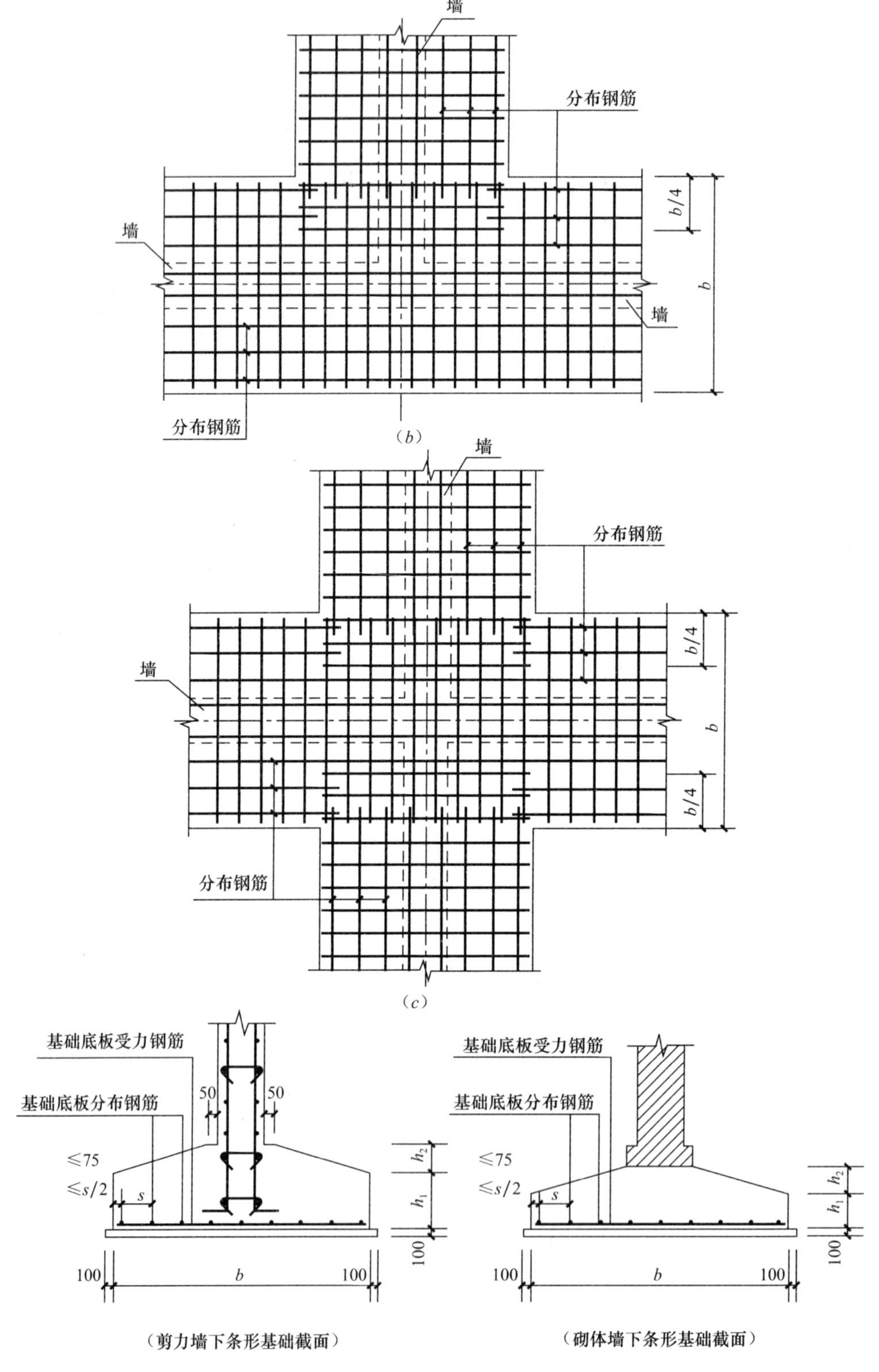

图 3-8 条形基础底板配筋构造（二）

(*b*) 丁字交接基础底板；(*c*) 十字交接基础底板

（1）条形基础底板的分布钢筋在梁宽范围内不设置。

（2）在两向受力钢筋交接处的网状部位，分布钢筋与同向受力钢筋的搭接长度为150mm。

12. 不同情况下条形基础板底不平钢筋如何进行排布？

条形基础底板的板底不平钢筋构造如图3-9～图3-11所示。

图3-9中，在柱左边以外1000mm的分布筋转换为受力钢筋，在右侧上拐点以右1000mm的分布筋转换为受力钢筋。转换后的受力钢筋锚固长度为l_a，与原来的分布筋搭接，搭接长度为150mm。

图3-10、图3-11中，墙下条形基础底板呈阶梯形上升状，基础底板分布筋垂直上弯，受力筋于内侧。

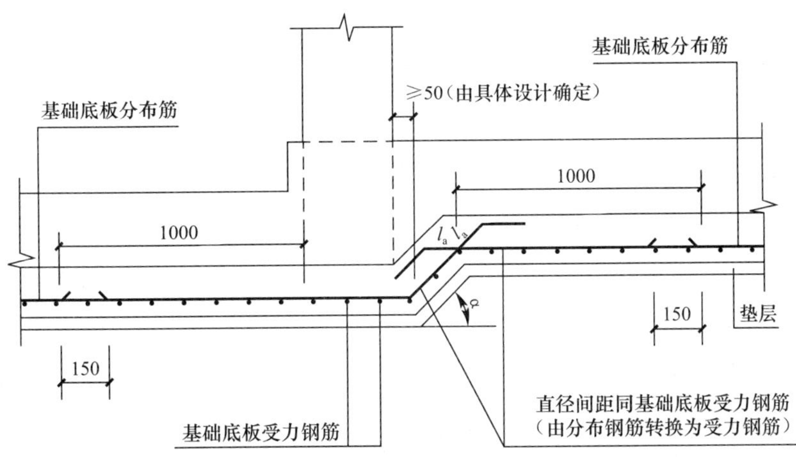

图3-9　柱下条形基础底板板底不平钢筋构造

（板底高差坡度α取45°或按设计）

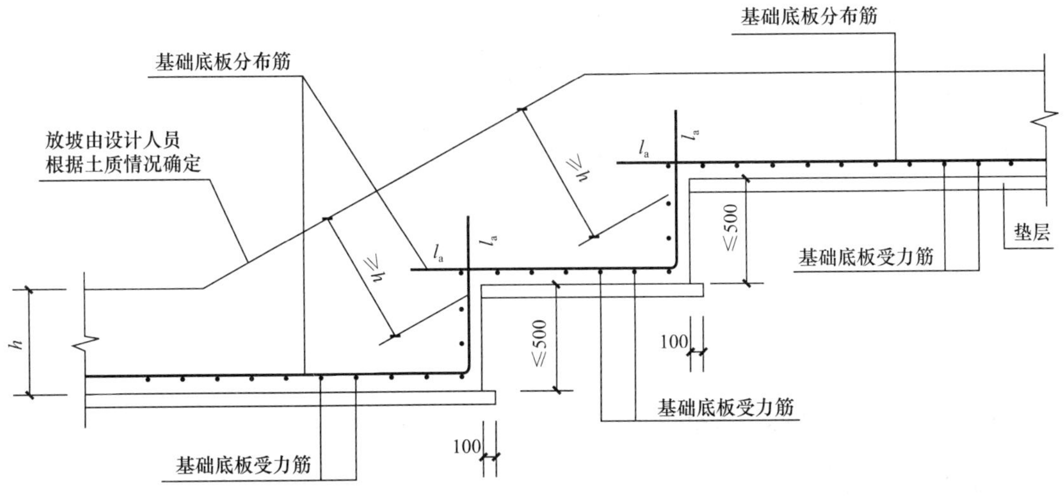

图3-10　墙下条形基础底板板底不平钢筋构造之一

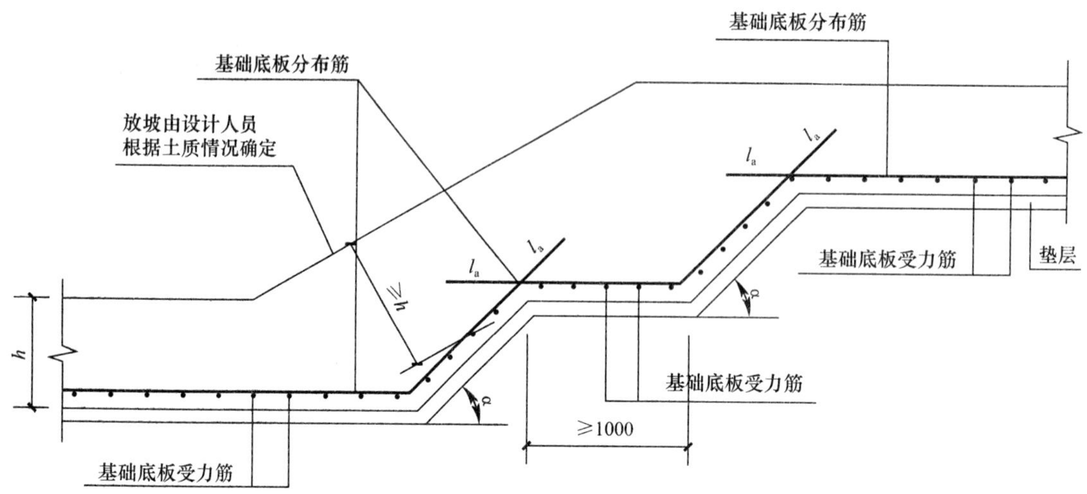

图 3-11 墙下条形基础底板板底不平钢筋构造之二
（板底高差坡度 α 取 45°或按设计）

13. 条形基础底板配筋长度减短 10%如何构造？

条形基础底板配筋长度减短 10%构造，见图 3-12。

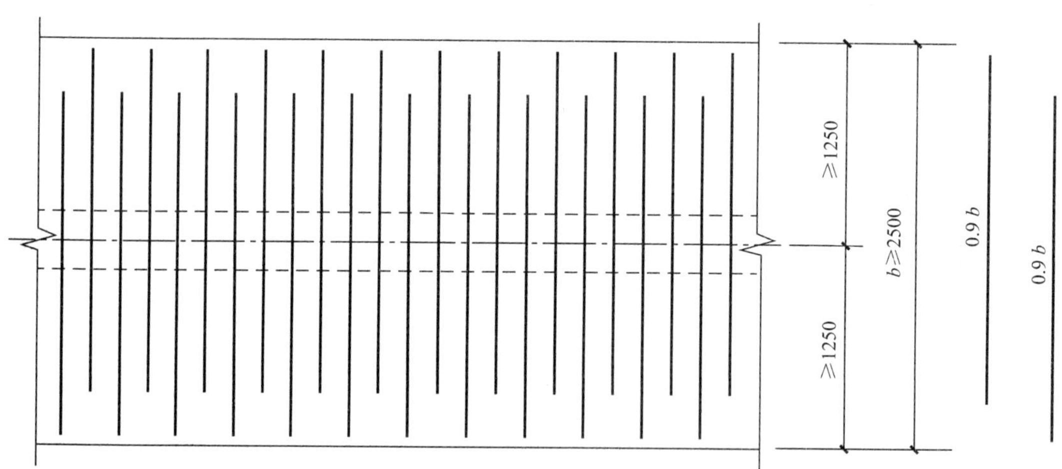

图 3-12 条形基础底板配筋长度减短 10%构造

底板交接区的受力钢筋和无交接底板时端部第一根钢筋不应减短。

14. 基础梁 JL 纵向钢筋与箍筋如何构造？

基础梁 JL 纵向钢筋与箍筋构造如图 3-13 所示。

顶部贯通纵筋在连接区内采用搭接、机械连接或焊接。同一连接区段内接头面积百分率不宜大于50%。当钢筋长度可穿过一连接区到下一连接区并满足连接要求时，宜穿越设置

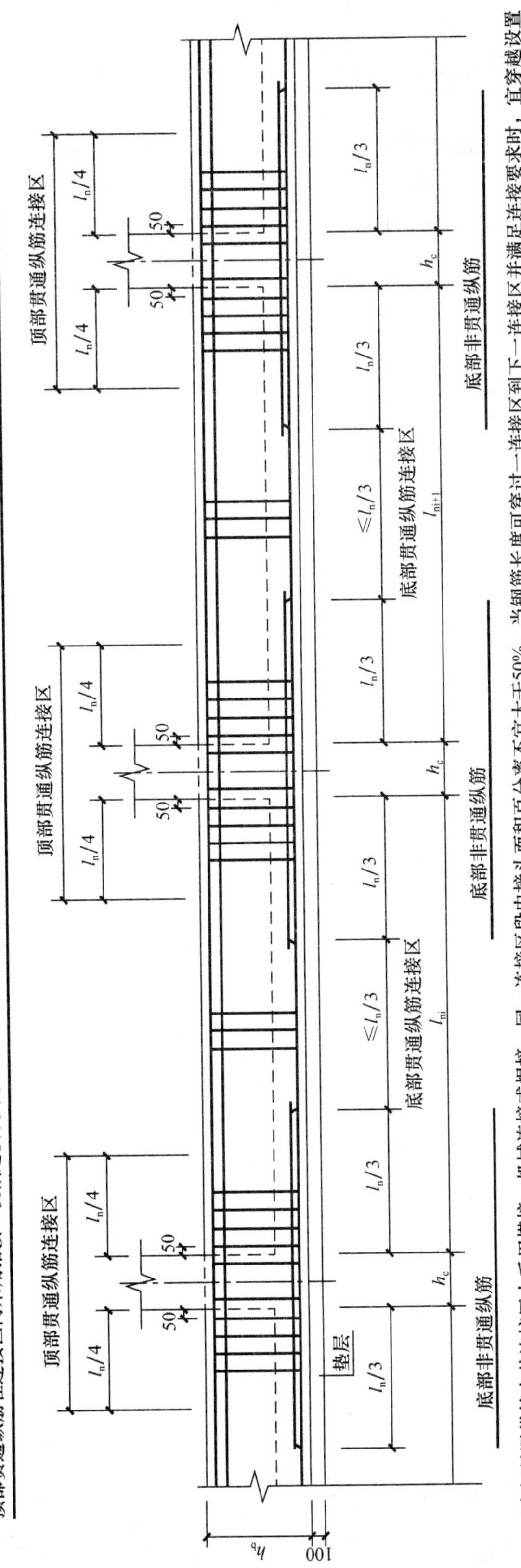

底部贯通纵筋在其连接区内采用搭接、机械连接或焊接。同一连接区段内接头面积百分率不宜大于50%。当钢筋长度可穿过一连接区到下一连接区并满足连接要求时，宜穿越设置

图3-13 基础梁纵向钢筋与箍筋构造

15. 怎样计算基础主梁的梁长度?

在框架结构的楼盖中，框架梁以框架柱为支座，称为“柱包梁”，在计算框架梁的长度时，是计算到框架柱的外皮。而在梁板式筏形基础中，基础主梁是框架柱的支座，称为“梁包柱”，在两道基础主梁相交的柱节点中，基础主梁的长度不是计算到框架柱的外皮，而是计算到相交基础主梁的外皮。这就决定了基础主梁的纵筋长度比相同跨度的框架梁纵筋长度要长一些。

【例 3-1】 建立一个最简单的工程：

这个工程的平面图是轴线 5000mm 的正方形，四角为 KZ1（500mm×500mm）轴线正中，基础梁 JL01 截面尺寸为 600mm×900mm，混凝土强度等级为 C20。

基础梁纵筋：底部和顶部贯通纵筋均为 7⌀25，侧面构造钢筋 G8ϕ12。

基础梁箍筋：11ϕ10@100/200（4）。

【解】

如果按照框架梁来计算，则梁两端框架柱外皮尺寸为：

$$5000 + 250 \times 2 = 5500\text{mm} \qquad [\text{图 } 3\text{-}14(b)]$$

$$\text{则框架梁纵筋长度} = 5500 - 30 \times 2 = 5440\text{mm}$$

但是，如果把这个钢筋长度用于基础主梁就不对了。

现在按照基础梁的性质分析 JL01 的长度，基础主梁的长度不是计算到框架柱的外皮，而是计算到相交基础主梁的外皮：

$$5000 + 300 \times 2 = 5600\text{mm} \qquad [\text{图 } 3\text{-}14(a)]$$

这样，基础主梁纵筋长度＝5600－30×2＝5540mm

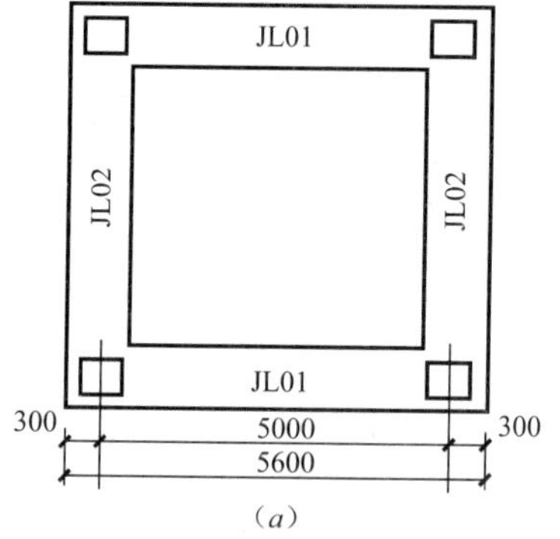

(*a*)

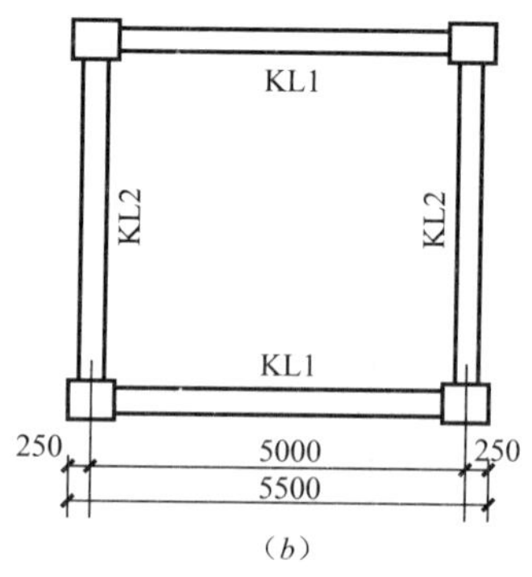

(*b*)

图 3-14 基础梁、框架梁

16. 基础主梁的每跨长度如何计算?

框架梁以框架柱为支座，所以在框架梁分跨的时候，是以框架柱作为分跨的依据，框架梁的跨度就是指净跨长度，即该跨梁两端框架柱内皮之间的距离。框架梁在计算支座负筋延伸长度时，就是该净跨长度的 1/3 或 1/4。

但是，在梁板式筏形基础中，框架柱以基础主梁作为支座。虽然基础主梁的分跨仍然以框架柱的中心为分界线，但是这里的框架柱并不是实质的分跨依据，实质的分界线是在基础梁而不是在框架柱。基础主梁的“跨度”就是相邻两个柱中心线之间的距离。基础梁非贯通纵筋的长度，仿照框架梁的做法，也采用“净跨长度”来计算。

基础主梁和基础次梁的底部贯通纵筋连接区，就设定在这样的 1/3“净跨长度”的范围内。同样，基础主梁顶部贯通纵筋连接区，也是以这样的跨度来定义的，即柱边线两边各 $l_n/4$ 的范围，如图 3-13 所示。

基础主梁这样的分跨，虽然能影响其箍筋加密区与非加密区的划分，但却不能阻止箍筋在基础主梁内部的贯通设置。

17. 基础主梁的非贯通纵筋长度如何计算？两排非贯通纵筋的长度如何计算？

（1）基础主梁的非贯通纵筋长度

图 3-13 中标明基础主梁的非贯通纵筋自柱边向跨内伸出：

$$l_n/3$$

其中 l_n——节点左跨净跨长度和右跨净跨长度的较大值（边跨端部 l_n 取边跨净跨长度）。

（2）两排非贯通纵筋的长度

图 3-13 中的第一排底部纵筋在“$l_n/3$”附近有两个切断点，表明这是第一排底部非贯通纵筋的位置；在其上方又画出了第二排底部非贯通纵筋，这两排底部非贯通纵筋的长度相同。

当底部纵筋多于两排时，从第三排起非贯通纵筋向跨内的延伸长度值应由设计者注明。

18. 如何进行基础主梁的贯通纵筋连接构造？架立筋长度和根数如何计算？

（1）基础主梁底部贯通纵筋连接构造

1）基础主梁“底部贯通纵筋连接区”就是跨中“$\leqslant l_n/3$”的范围。

因为底部贯通纵筋连接区两端是“非贯通纵筋”的端点，但非贯通纵筋的标注长度可能会更长些，所以不是跨中“$l_n/3$”而是跨中“$\leqslant l_n/3$”的范围。

2）不同配置的底部贯通纵筋，应在两毗邻跨中配置较小一跨的跨中连接区域连接，即配置较大一跨的底部贯通纵筋越过其标注的跨数终点或起点，伸至配置较小的毗邻跨的跨中连接区域。

（2）架立筋计算

1）架立筋长度＝本跨底部贯通纵筋连接区长度＋2×150

2）架立筋根数＝箍筋肢数－第一排底部贯通纵筋根数

（3）基础主梁顶部贯通纵筋连接构造：

在柱边线左右各 $l_n/4$ 的范围是顶部贯通纵筋连接区，如图 3-13 所示。

基础主梁相交处位于同一层面的交叉纵筋，何梁纵筋在下、何梁纵筋在上，应按具体设计说明。

19. 基础梁 JL 配置两种箍筋如何构造及其长度计算？

基础梁 JL 配置两种箍筋构造如图 3-15 所示。

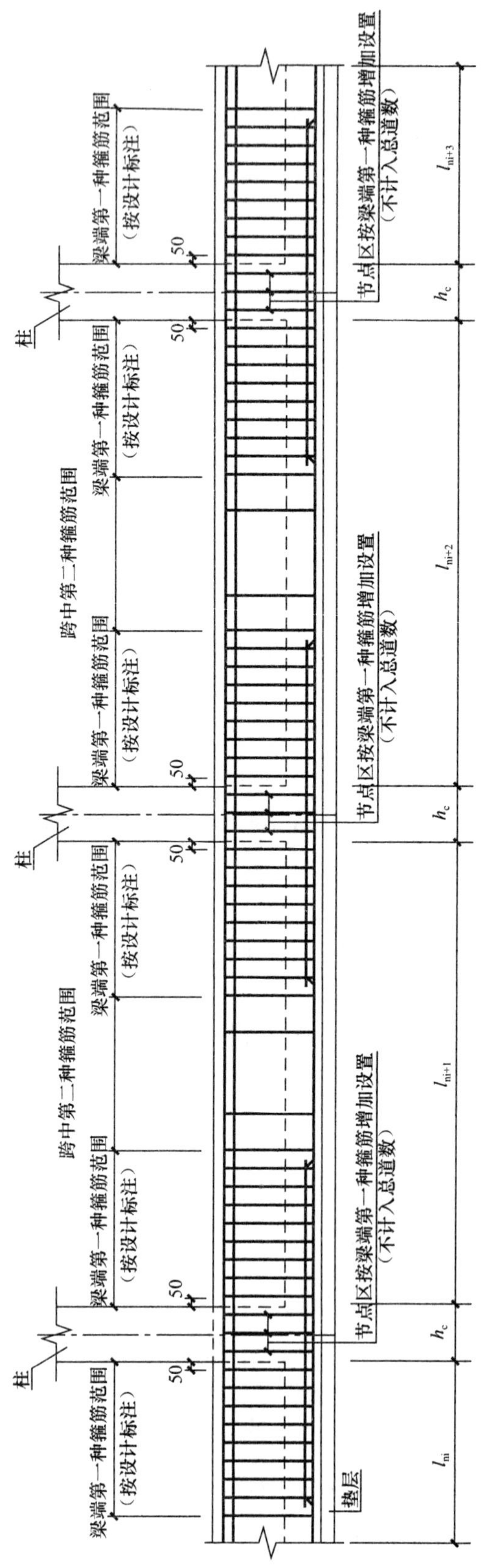

图3-15 基础梁JL配置两种箍筋构造

（1）每跨梁的箍筋布置从框架柱边沿 50mm 开始计算，依次布置第一种加密箍筋、非加密区箍筋。其中：

第一种加密箍筋按箍筋标注的根数和间距进行布置。

第一种箍筋加密区长度＝箍筋间距×（箍筋根数－1）

非加密区长度＝梁净跨长度－50×2－第一种箍筋加密区长度

（2）基础主梁在柱下区域按梁端箍筋的规格、间距贯通设置

柱下区域长度＝框架柱宽度＋50×2

在整个柱下区域内，按第一种加密箍筋的规格和间距进行布筋。

（3）当梁只标注一种箍筋的规格和间距时，则整道基础主梁（包括柱下区域）都按照这种箍筋的规格和间距进行配筋。

（4）两向基础主梁相交的柱下区域，应有一向截面较高的基础主梁按梁端箍筋全面贯通设置；另一向基础主梁的箍筋从框架柱边沿 50mm 开始布置。

20. 基础梁竖向加腋钢筋构造如何规定的？

基础梁竖向加腋钢筋构造，如图 3-16 所示。

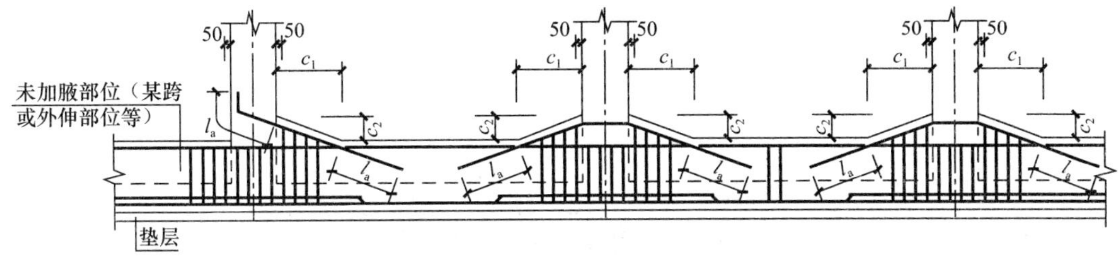

图 3-16　基础梁竖向加腋钢筋构造

（1）基础梁竖向加腋筋规格，如果施工图未注明，则同基础梁顶部纵筋；如果施工图有标注，则按其标注规格。

（2）基础梁竖向加腋筋，长度为锚入基础梁内 l_a，根数为基础梁顶部第一排纵筋根数－1。

21. 梁板式筏形基础梁端部钢筋有哪些构造情况？

（1）端部等截面外伸构造

梁板式筏形基础梁端部等截面外伸钢筋构造，见图 3-17。

1）梁顶部上排贯通纵筋伸至尽端内侧弯折 $12d$；顶部下排贯通纵筋不伸入外伸部位。

2）梁底部上排非贯通纵筋伸至端部截断；底部下排非贯通纵筋伸至尽端内侧弯折 $12d$，从支座中心线向跨内的延伸长度为 $l_n/3+h_c/2$。

3）梁底部贯通纵筋伸至尽端内侧弯折 $12d$。

注：当从柱内边算起的梁端部外伸长度不满足直锚要求时，基础梁下部钢筋应伸至端部后弯折，且从柱内边算起水平段长度≥$0.6l_{ab}$，弯折段长度 $15d$。

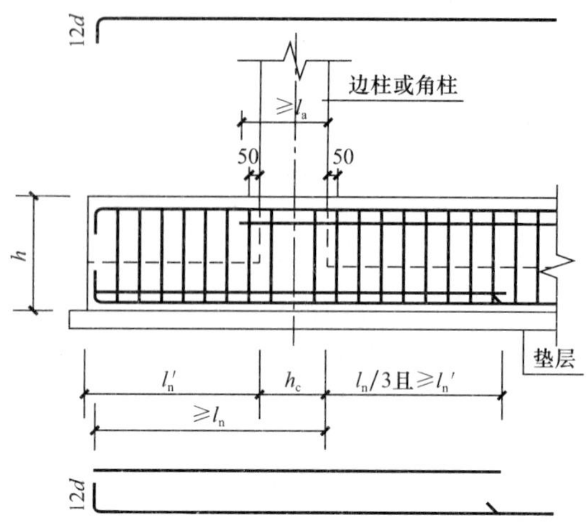

图 3-17　梁板式筏形基础梁端端部等截面外伸钢筋构造

（2）端部变截面外伸构造

梁板式筏形基础梁端部变截面外伸钢筋构造，见图 3-18。

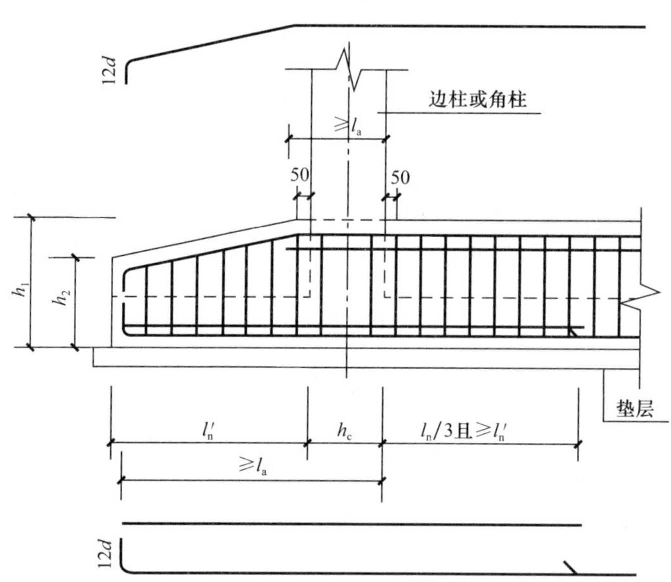

图 3-18　梁板式筏形基础梁端部变截面外伸钢筋构造

1）梁顶部上排贯通纵筋伸至尽端内侧弯折 12d；顶部下排贯通纵筋不伸入外伸部位。

2）梁底部上排非贯通纵筋伸至端部截断；底部下排非贯通纵筋伸至尽端内侧弯折 12d，从支座中心线向跨内的延伸长度为 $l_n/3+h_c/2$。

3）梁底部贯通纵筋伸至尽端内侧弯折 12d。

注：当从柱内边算起的梁端部外伸长度不满足直锚要求时，基础梁下部钢筋应伸至端部后弯折，且从柱内边算起水平段长度≥0.6l_{ab}，弯折段长度 15d。

（3）端部无外伸构造

梁板式筏形基础梁端部无外伸钢筋构造，见图 3-19。

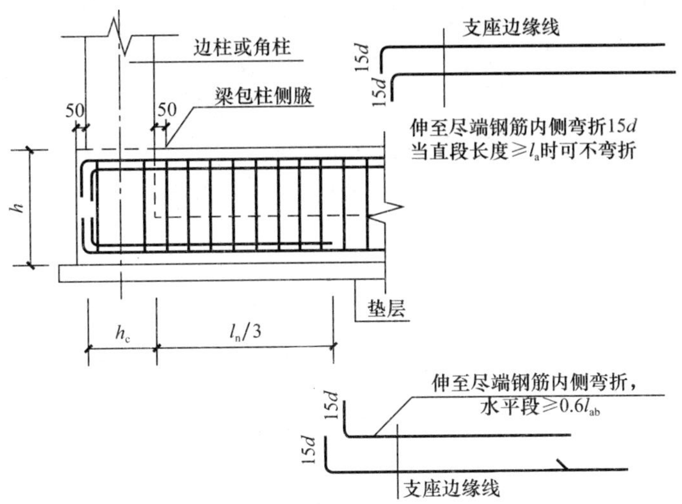

图 3-19 梁板式筏形基础梁端部无外伸钢筋构造

1）梁顶部贯通纵筋伸至尽端内侧弯折 15d；从柱内侧起，伸入端部且水平段≥0.6l_{ab}（顶部单排/双排钢筋构造相同）。

2）梁底部非贯通纵筋伸至尽端内侧弯折 15d；从柱内侧起，伸入端部且水平段≥0.6l_{ab}，从支座中心线向跨内的延伸长度为 $l_n/3+h_c/2$。

3）梁底部贯通纵筋伸至尽端内侧弯折 15d；从柱内侧起，伸入端部且水平段≥0.6l_{ab}。

22. 条形基础梁端部钢筋有哪些构造情况？如何进行构造？

（1）端部等截面外伸构造

条形基础梁端部等截面外伸钢筋构造，见图 3-20。

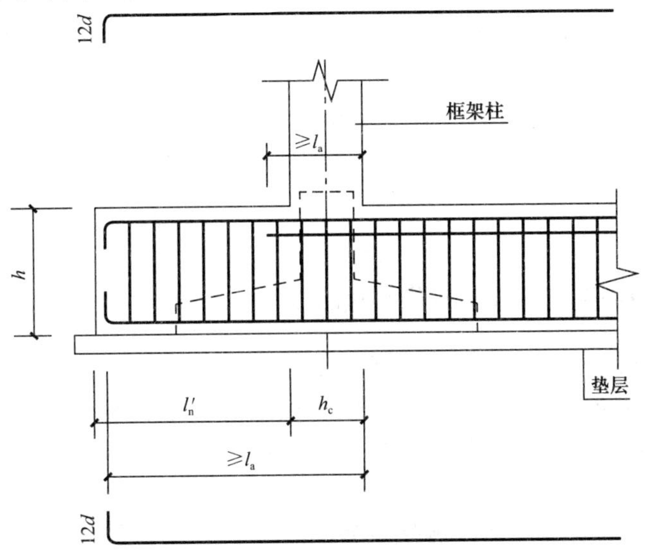

图 3-20 条形基础梁端端部等截面外伸钢筋构造

1）梁顶部上排贯通纵筋伸至尽端内侧弯折 $12d$；顶部下排贯通纵筋不伸入外伸部位。

2）梁底部下排非贯通纵筋伸至尽端内侧弯折 $12d$，从支座中心线向跨内的延伸长度为 $h_c/2+l'_n$。

3）梁底部贯通纵筋伸至尽端内侧弯折 $12d$。

注：当从柱内边算起的梁端部外伸长度不满足直锚要求时，基础梁下部钢筋应伸至端部后弯折，且从柱内边算起水平段长度≥$0.6l_{ab}$，弯折段长度 $15d$。

（2）端部变截面外伸构造

条形基础梁端部变截面外伸钢筋构造，见图 3-21。

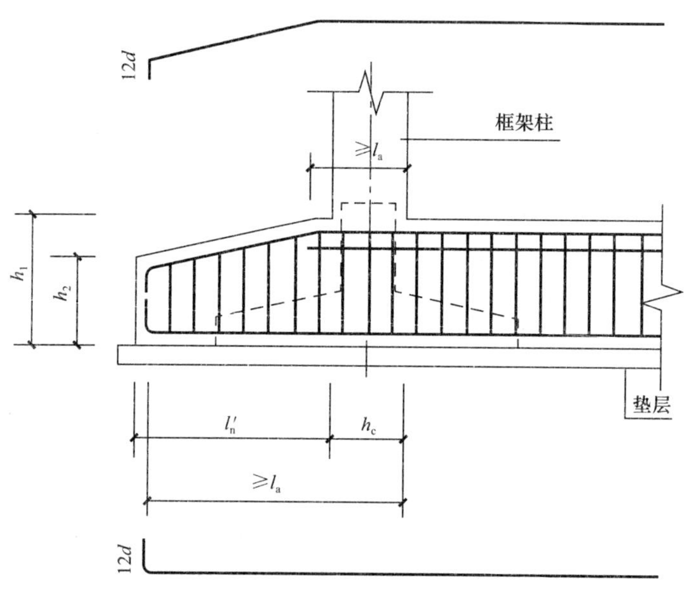

图 3-21　条形基础梁端部变截面外伸钢筋构造

1）梁顶部上排贯通纵筋伸至尽端内侧弯折 $12d$；顶部下排贯通纵筋不伸入外伸部位。

2）梁底部下排非贯通纵筋伸至尽端内侧弯折 $12d$，从支座中心线向跨内的延伸长度为 $h_c/2+l'_n$。

3）梁底部贯通纵筋伸至尽端内侧弯折 $12d$。

注：当从柱内边算起的梁端部外伸长度不满足直锚要求时，基础梁下部钢筋应伸至端部后弯折，且从柱内边算起水平段长度≥$0.6l_{ab}$，弯折段长度 $15d$。

23. 基础梁侧面构造纵筋和拉筋有哪些锚固要求？

基础梁侧面构造纵筋和拉筋如图 3-22 所示。

基础梁 h_w≥450mm 时，梁的两个侧面应沿高度配置纵向构造钢筋，纵向构造钢筋间距为 a≤200mm；侧面构造纵筋能贯通就贯通，不能贯通则取锚固长度值为 $15d$，如图 3-22、图 3-23 所示。

梁侧面钢筋的拉筋直径除注明者外均为 8mm，间距为箍筋间距的两倍。当设有多排拉筋时，上下两排拉筋竖向错开设置。

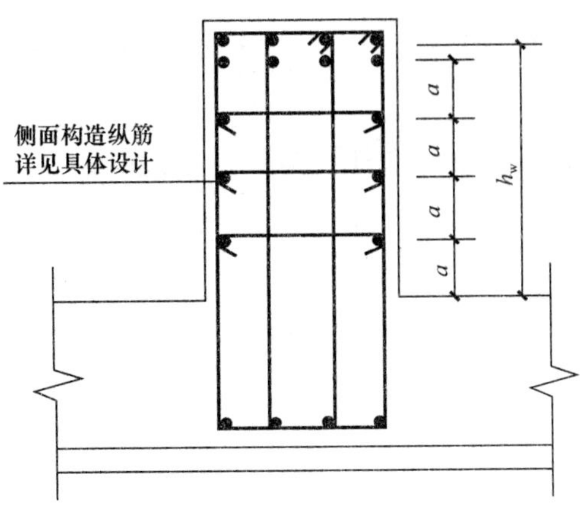

图 3-22　梁侧面构造钢筋和拉筋

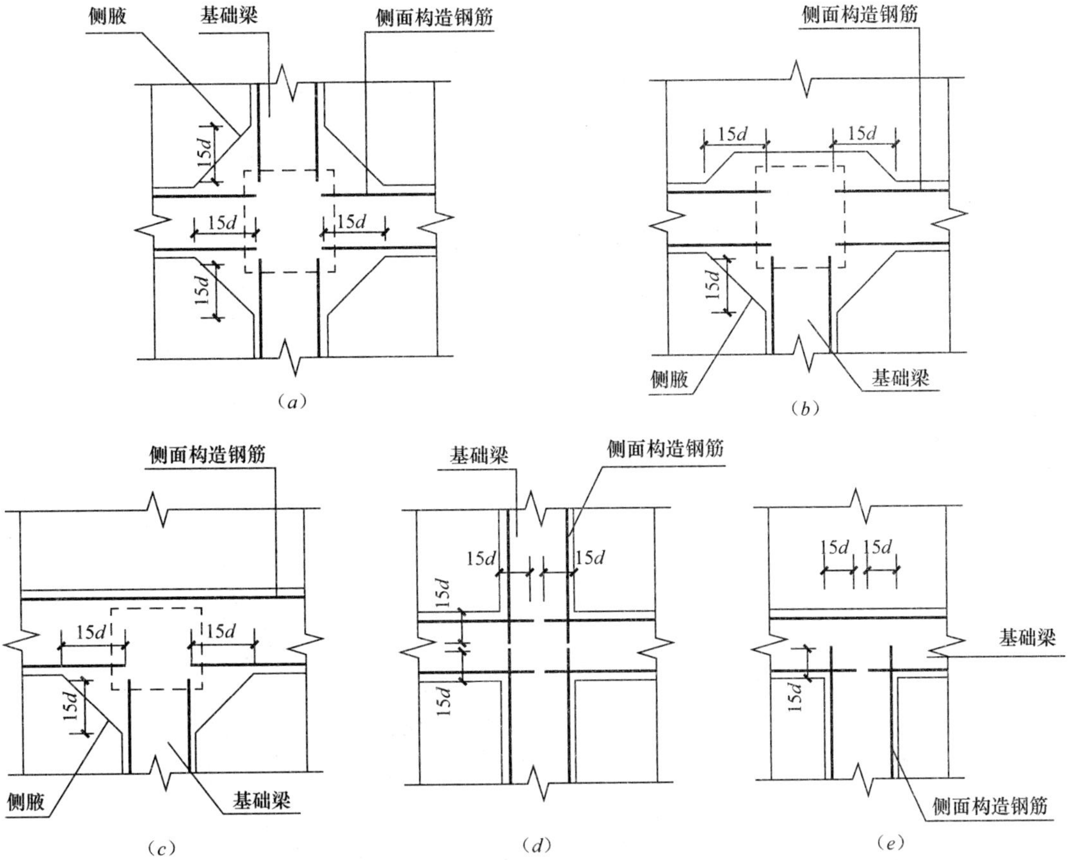

(a)　(b)　(c)　(d)　(e)

图 3-23　侧面纵向钢筋锚固要求

基础梁侧面纵向构造钢筋搭接长度为 15d。十字相交的基础梁，当相交位置有柱时，侧面构造纵筋锚入梁包柱侧腋内 15d，见图 3-23（a）；当无柱时侧面构造纵筋锚入交叉梁内 15d，见图 3-23（d）。丁字相交的基础梁，当相交位置无柱时，横梁外侧的构造纵筋应贯通，横梁内侧的构造纵筋锚入交叉梁内 15d，见图 3-23（e）。

基础梁侧面受扭纵筋的搭接长度为 l_l，其锚固长度为 l_a，锚固方式同梁上部纵筋。

24. 基础梁变截面部位钢筋构造有哪几种情况？它们的构造要求分别是什么？

基础梁变截面部位构造包括以下几种情况：

（1）梁底有高差

梁底有高差时，变截面部位钢筋构造如图 3-24 所示。

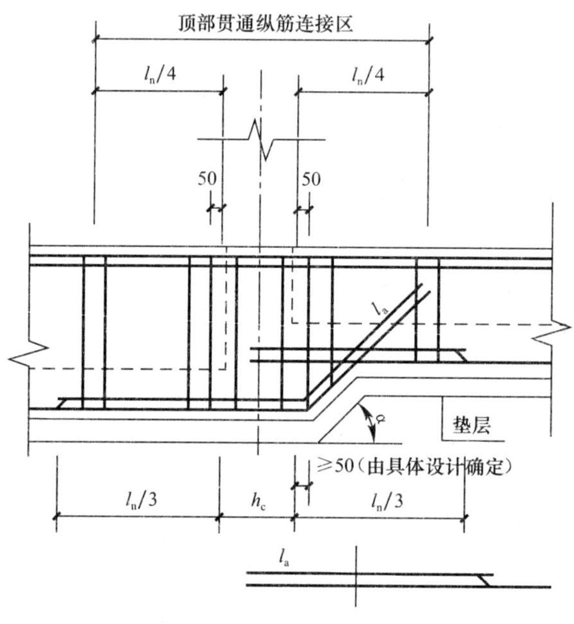

图 3-24　梁底有高差

其配筋构造要点为：

梁底面标高低的梁底部钢筋斜伸至梁底面标高高的梁内，锚固长度为 l_a；梁底面标高高的梁底部钢筋锚固长度≥l_a 截断即可。

（2）梁底、梁顶均有高差

当梁底、梁顶均有高差时，梁底面标高高的梁顶部第一排纵筋伸至尽端，弯折长度自梁底面标高低的梁顶部算起 l_a，顶部第二排纵筋伸至尽端钢筋内侧，弯折长度 15d；当直锚长度≥l_a 时可不弯折，梁底面标高低的梁顶部纵筋锚入长度≥l_a 截断即可；梁底面标高高的梁底部钢筋锚入梁内长度≥l_a 截断即可；梁底面标高低的底部钢筋斜伸至梁底面标高高的梁内，锚固长度为 l_a，如图 3-25 所示。

上述构造既适用于条形基础又适用于筏形基础，除此之外，当梁底、梁顶均有高差时，还有一种只适用于条形基础的构造，如图 3-26 所示。

（3）梁顶有高差

梁顶有高差时，变截面部位钢筋构造如图 3-27 所示。

梁顶面标高高的梁顶部第一排纵筋伸至尽端，弯折长度自梁顶面标高低的梁顶部算起

为 l_a，顶部第二排纵筋伸至尽端钢筋内侧，弯折长度 $15d$，当直锚长度≥l_a 时可不弯折。梁顶面标高低的梁上部纵筋锚固长度≥l_a 截断即可。

（4）柱两边梁宽不同钢筋构造

柱两边梁宽不同部位钢筋构造，如图 3-28 所示。

宽出部位梁的上、下部第一排纵筋连通设置；在宽出部位，不能连通的钢筋，上、下部第二排纵筋伸至尽端钢筋内侧，弯折长度 $15d$，当直锚长度≥l_a 时可不弯折。

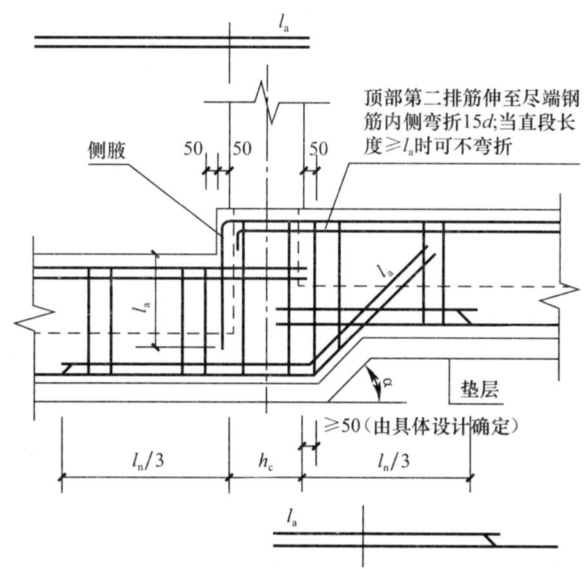

图 3-25　梁底、梁顶均有高差钢筋构造

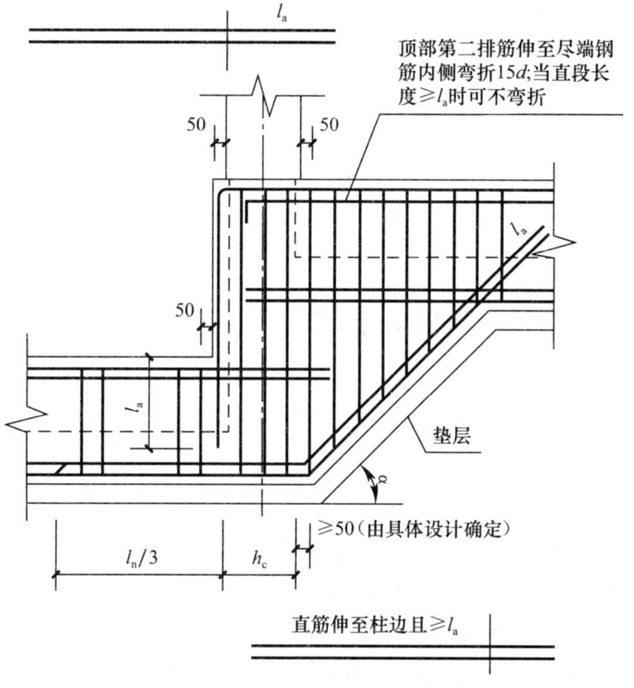

图 3-26　梁底、梁顶均有高差钢筋构造（仅适用于条形基础）

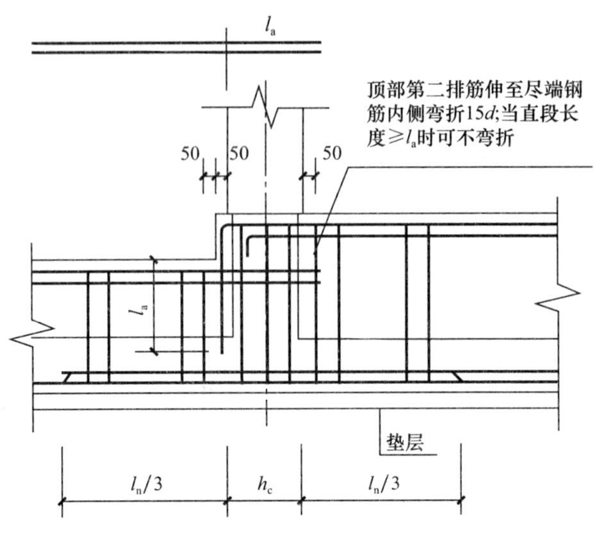

图 3-27　梁顶有高差钢筋构造

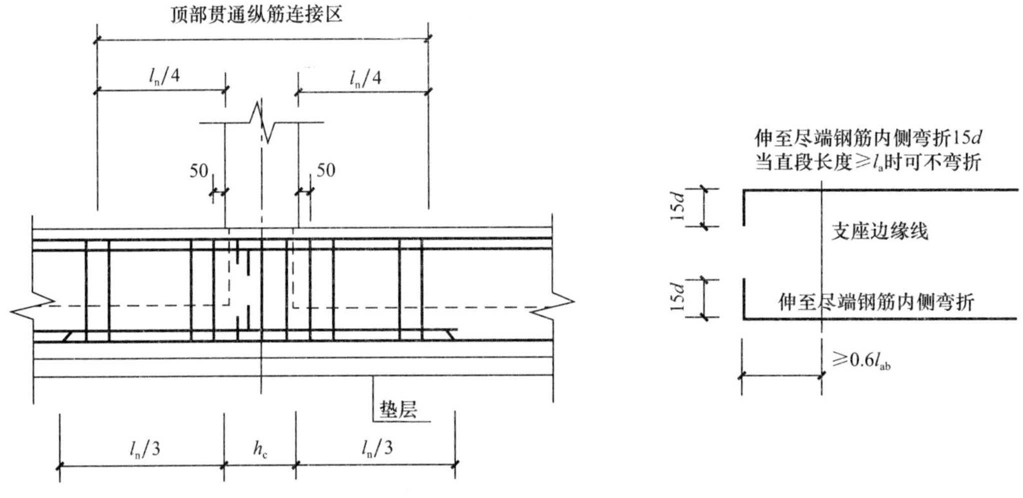

图 3-28　柱两边梁宽不同钢筋构造

25. 基础梁与柱结合部侧腋构造是如何规定的?

基础梁与柱结合部侧腋构造，见图 3-29。

（1）当基础主梁比柱宽，而且完全形成梁包柱的情况时，就不要执行侧腋构造。

（2）侧腋构造由于柱节点上梁根数的不同，而形成一字形、L 形、丁字形、十字形等各种构造形式，其加腋做法各不相同。

侧腋构造几何尺寸的特点：加腋斜边与水平边的夹角为 45°。

侧腋厚度：加腋部分的边沿线与框架柱之间的最小距离为 50mm。

（3）基础主梁侧腋的钢筋构造

基础主梁的侧腋是构造配筋。侧腋钢筋直径不小于 12mm 且不小于柱箍筋直径，间距同柱箍筋；分布筋为 $\phi 8@200$。

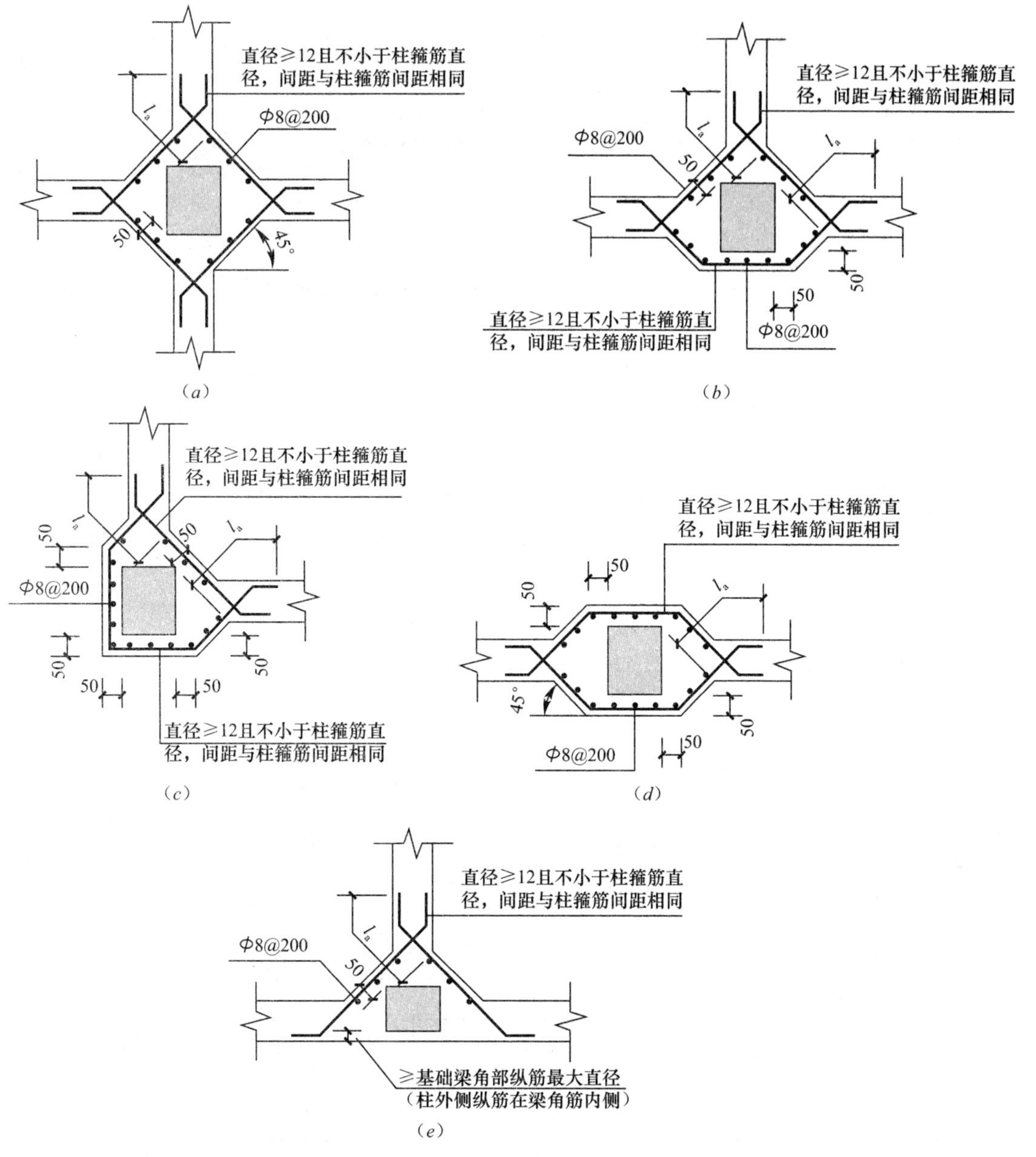

图 3-29　基础梁 JL 与柱结合部侧腋构造

(a) 十字交叉基础梁与柱结合部侧腋构造；(b) 丁字交叉基础梁与柱结合部侧腋构造；(c) 无外伸基础梁与柱结合部侧腋构造；(d) 基础梁中心穿柱侧腋构造；(e) 基础梁偏心穿柱与柱结合部侧腋构造

一字形、丁字形节点的直梁侧腋钢筋弯折点距柱边沿 50mm。

侧腋钢筋从侧腋拐点向梁内弯锚 l_a（含钢筋端部弯折长度）；当直锚部分长度满足 l_a 时，钢筋端部不弯折（即为直形钢筋）。

第 4 章　筏 形 基 础

4.1　筏形基础平法施工图制图规则

1. 梁板式筏形基础平法施工图有哪些表示方法?

梁板式筏形基础平法施工图，系在基础平面布置图上采用平面注写方式进行表达。

当绘制基础平面布置图时，应将梁板式筏形基础与其所支承的柱、墙一起绘制。梁板式筏形基础以多数相同的基础平板底面标高作为基础底面基准标高。当基础底面标高不同时，需注明与基础底面基准标高不同之处的范围和标高。

通过选注基础梁底面与基础平板底面的标高高差来表达两者间的位置关系，可以明确其“高板位”（梁顶与板顶一平）、“低板位”（梁底与板底一平）以及“中板位”（板在梁的中部）三种不同位置组合的筏形基础，方便设计表达。

对于轴线未居中的基础梁，应标注其定位尺寸。

2. 梁板式筏形基础如何进行编号?

基础梁的编号，见表 4-1。

梁板式筏形基础梁编号　　表 4-1

构件类型	代号	序号	跨数及是否有外伸
基础主梁（柱下）	JL	××	（××）或（××A）或（××B）
基础次梁	JCL	××	（××）或（××A）或（××B）
梁板筏基础平板	LPB	××	

注：1.（××A）为一端有外伸，（××B）为两端有外伸，外伸不计入跨数。

2. 梁板式筏形基础平板跨数及是否有外伸分别在 X、Y 两向的贯通纵筋之后表达。图面从左至右为 X 向，从下至上为 Y 向。

3. 梁板式筏形基础主梁与条形基础梁编号与标准构造详图一致。

3. 基础主梁和基础次梁集中标注包括哪些内容?

基础主梁 JL 与基础次梁 JCL 的集中标注内容包括基础梁编号、截面尺寸和配筋三项必注内容，以及基础梁底面标高高差（相对于筏形基础平板底面标高）一项选注内容。

（1）基础梁编号

基础梁的编号，见表 4-1。

（2）截面尺寸

注写方式为“$b\times h$”，表示梁截面宽度和高度，当为竖向加腋梁时，注写方式为“$b\times h\mathrm{Y}c_1\times c_2$”。其中，$c_1$为腋长，$c_2$为腋高。

（3）配筋

1）基础梁箍筋

① 当采用一种箍筋间距时，注写钢筋级别、直径、间距与肢数（写在括号内）。

② 当采用两种箍筋时，用“/”分隔不同箍筋，按照从基础梁两端向跨中的顺序注写。先注写第1段箍筋（在前面加注箍数），在斜线后再注写第2段箍筋（不再加注箍数）。

施工时应注意：两向基础主梁相交的柱下区域，应有一向截面较高的基础主梁箍筋贯通设置；当两向基础主梁高度相同时，任选一向基础主梁箍筋贯通设置。

2）基础梁的底部、顶部及侧面纵向钢筋

① 以B打头，先注写梁底部贯通纵筋（不应少于底部受力钢筋总截面面积的1/3）。当跨中所注根数少于箍筋肢数时，需要在跨中加设架立筋以固定箍筋，注写时，用加号“+”将贯通纵筋与架立筋相连，架立筋注写在加号后面的括号内。

② 以T打头，注写梁顶部贯通纵筋值。注写时用分号“;”将底部与顶部纵筋分隔开。

③ 当梁底部或顶部贯通纵筋多于一排时，用斜线“/”将各排纵筋自上而下分开。

④ 以大写字母“G”打头，注写梁两侧面对称设置的纵向构造钢筋的总配筋值（当梁腹板高度h_w不小于450mm时，根据需要配置）。

当需要配置抗扭纵向钢筋时，梁两个侧面设置的抗扭纵向钢筋以N打头。

注：1. 当为梁侧面构造钢筋时，其搭接与锚固长度可取为$15d$。

2. 当为梁侧面受扭纵向钢筋时，其锚固长度为l_a，搭接长度为l_l；其锚固方式同基础梁上部纵筋。

（4）基础梁底面标高高差

基础梁底面标高高差系指相对于筏形基础平板底面标高的高差值。

有高差时需将高差写入括号内（如“高板位”与“中板位”基础梁的底面与基础平板地面标高的高差值）。

无高差时不注（如“低板位”筏形基础的基础梁）。

4. 基础主梁和基础次梁原位标注包括哪些内容？

（1）梁支座的底部纵筋

梁支座的底部纵筋，系指包含贯通纵筋与非贯通纵筋在内的所有纵筋：

1）当底部纵筋多余一排时，用“/”将各排纵筋自上而下分开。

2）当同排有两种直径时，用加号“+”将两种直径的纵筋相连。

3）当梁中间支座两边底部纵筋配置不同时，需在支座两边分别标注；当梁中间支座两边的底部纵筋相同时，只仅在支座的一边标注配筋值。

4）当梁端（支座）区域的底部全部纵筋与集中注写过的贯通纵筋相同时，可不再重复做原位标注。

5）竖向加腋梁加腋部位钢筋，需在设置加腋支座处以 Y 打头注写在括号内。

设计时应注意：当对底部一平的梁支座两边的底部非贯通纵筋采用不同配筋值时，应先按较小一边的配筋值选配相同直径的纵筋贯穿支座，再将较大一边的配筋差值选配适当直径的钢筋锚入支座，避免造成两边大部分钢筋直径不相同的不合理配置结果。

施工及预算方面应注意：当底部贯通纵筋经原位修正注写后，两种不同配置的底部贯通纵筋应在两毗邻跨中配置较小一跨的跨中连接区域连接（即配置较大一跨的底部贯通纵筋需越过其跨数终点或起点伸至毗邻跨的跨中连接区域）。

（2）基础梁的附加箍筋或（反扣）吊筋

将基础梁的附加箍筋或（反扣）吊筋直接画在平面图中的主梁上，用线引注总配筋值（附加箍筋的肢数注在括号内），当多数附加箍筋或（反扣）吊筋相同时，可在基础梁平法施工图上统一注明，少数与统一注明值不同时，再原位引注。

施工时应注意：附加箍筋或（反扣）吊筋的几何尺寸应按照标准构造详图，结合其所在位置的主梁和次梁的截面尺寸确定。

（3）外伸部位的几何尺寸

当基础梁外伸部位有变截面高度时，在该部位原位注写 $b \times h_1/h_2$，h_1 为根部截面高度，h_2 为尽端截面高度。

（4）修正内容

当在基础梁上集中标注的某项内容（如梁截面尺寸、箍筋、底部与顶部贯通纵筋或架立筋、梁侧面纵向构造钢筋、梁底面标高高差等）不适用于某跨或某外伸部分时，则将其修正内容原位标注在该跨或该外伸部位，施工时原位标注取值优先。

当在多跨基础梁的集中标注中已注明竖向加腋，而该梁某跨根部不需要竖向加腋时，则应在该跨原位标注等截面的 $b \times h$，以修正集中标注中的加腋信息。

5. 16G101 图集里基础主梁和基础次梁标注参考图示是什么样的？

基础主梁和基础次梁标注图示如图 4-1 所示。

6. 16G101 图集对基础梁底部非贯通纵筋的长度有何规定？

（1）为方便施工，凡基础主梁柱下区域和基础次梁支座区域底部非贯通纵筋的伸出长度 a_0 值，当配置不多于两排时，在标准构造详图中统一取值为自支座边向跨内伸出至 $l_n/3$ 位置；当非贯通纵筋配置多于两排时，从第三排起向跨内的伸出长度值应由设计者注明。l_n 的取值规定为：边跨边支座的底部非贯通纵筋，l_n 取本边跨的净跨长度值；中间支座的底部非贯通纵筋，l_n 取支座两边较大一跨的净跨长度值。

（2）基础主梁与基础次梁外伸部位底部纵筋的伸出长度 a_0 值，在标准构造详图中统一取值为：第一排伸出至梁端头后，全部上弯 $12d$ 或 $15d$，或其他排伸至梁端头后截断。

（3）设计者在执行第（1）、（2）条基础梁底部非贯通纵筋伸出长度的统一取值规定时，应注意按《混凝土结构设计规范（2015 年版）》（GB 50010—2010）、《建筑地基基础设计规范》（GB 50007—2011）和《高层建筑混凝土结构技术规程》（JGJ 3—2010）的相

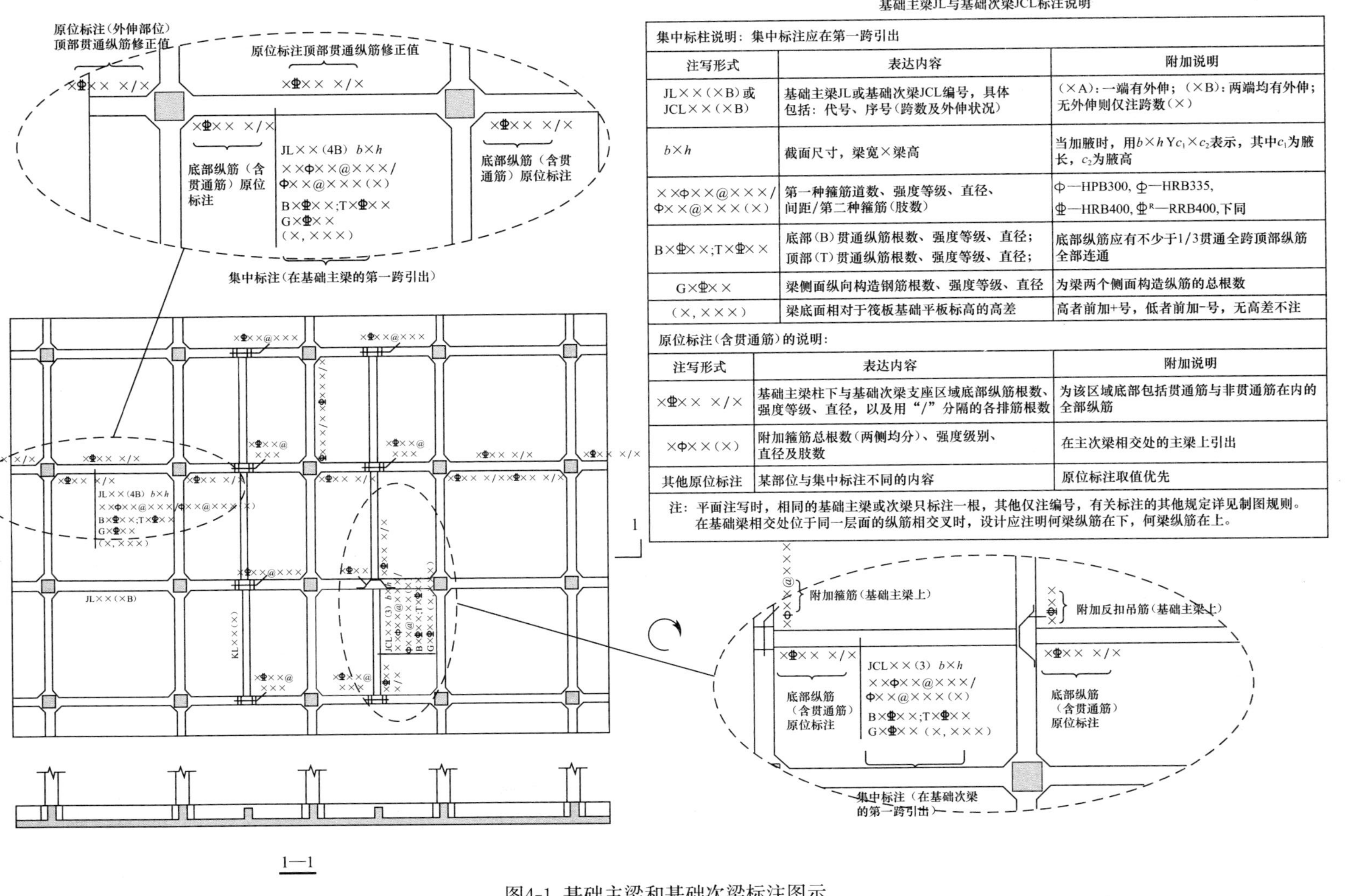

基础主梁JL与基础次梁JCL标注说明

集中标柱说明：集中标注应在第一跨引出

注写形式	表达内容	附加说明
JL××（×B）或JCL××（×B）	基础主梁JL或基础次梁JCL编号，具体包括：代号、序号（跨数及外伸状况）	（×A）：一端有外伸；（×B）：两端均有外伸；无外伸则仅注跨数（×）
$b \times h$	截面尺寸，梁宽×梁高	当加腋时，用$b \times h$ Y$c_1 \times c_2$表示，其中c_1为腋长，c_2为腋高
××Φ××@×××/Φ××@×××（×）	第一种箍筋道数、强度等级、直径、间距/第二种箍筋（肢数）	Φ—HPB300，Φ—HRB335，Φ—HRB400，Φ^R—RRB400，下同
B×Φ××;T×Φ××	底部（B）贯通纵筋根数、强度等级、直径；顶部（T）贯通纵筋根数、强度等级、直径；	底部纵筋应有不少于1/3贯通全跨顶部纵筋全部连通
G×Φ××	梁侧面纵向构造钢筋根数、强度等级、直径	为梁两个侧面构造纵筋的总根数
（×，×××）	梁底面相对于筏板基础平板标高的高差	高者前加+号，低者前加-号，无高差不注

原位标注（含贯通筋）的说明：

注写形式	表达内容	附加说明
×Φ×× ×/×	基础主梁柱下与基础次梁支座区域底部纵筋根数、强度等级、直径，以及用“/”分隔的各排筋根数	为该区域底部包括贯通筋与非贯通筋在内的全部纵筋
×Φ××（×）	附加箍筋总根数（两侧均分）、强度级别、直径及肢数	在主次梁相交处的主梁上引出
其他原位标注	某部位与集中标注不同的内容	原位标注取值优先

注：平面注写时，相同的基础主梁或次梁只标注一根，其他仅注编号，有关标注的其他规定详见制图规则。在基础梁相交处位于同一层面的纵筋相交叉时，设计应注明何梁纵筋在下，何梁纵筋在上。

图4-1 基础主梁和基础次梁标注图示

关规定进行校核，若不满足时应另行变更。

7. 什么是“次梁”？

“次梁”是相对于“主梁”而言的。

一般来说，“次梁”就是“非框架梁”。“非框架梁”与“框架梁”的区别在于，框架梁以框架柱或剪力墙作为支座，而非框架梁以梁作为支座。

下面介绍一下在施工图中如何识别次梁的问题。

两个梁相交，哪个梁是主梁，哪个梁是次梁呢？一般来说，截面高度大的梁是主梁，截面高度小的梁是次梁。当然，以上所说的是“一般规律”，有时也有特殊的情况。例如，我就见过这样的施工图设计，次梁的截面高度竟然高于主梁。

当施工图设计的梁编号是正确的时候，可以从施工图梁编号后面括号中的“跨数”来判断相交的两根梁谁是主梁、谁是次梁。因为两根梁相交，总是主梁把次梁分成两跨，而不存在次梁分断主梁的情况。

此外，从图纸中的附加吊筋或附加箍筋也能看出谁是主梁、谁是次梁，因为附加吊筋或附加箍筋都是配置在主梁上的。

8. 如何进行梁板式筏形基础平板集中标注？

梁板式筏形基础平板 LPB 的集中标注，应在所表达的板区双向均为第一跨（X 与 Y 双向首跨）的板上引出（图面从左至右为 X 向，从下至上为 Y 向）。

板区划分条件：板厚相同、基础平板底部与顶部贯通纵筋配置相同的区域为同一板区。

集中标注的内容包括：

（1）编号

梁板式筏形基础平板编号，见表 4-1。

（2）截面尺寸

注写方式为“h=×××”，表示板厚。

（3）基础平板的底部与顶部贯通纵筋及其跨数及外伸长度

先注写 X 向底部（B 打头）贯通纵筋与顶部（T 打头）贯通纵筋及纵向长度范围；再注写 Y 向底部（B 打头）贯通纵筋与顶部（T 打头）贯通纵筋及其跨数及外伸长度（图面从左至右为 X 向，从下至上为 Y 向）。

贯通纵筋的跨数及外伸长度注写在括号中，注写方式为“跨数及有无外伸”，其表达形式为：（××）（无外伸）、（××A）（一端有外伸）或（××B）（两端有外伸）。

注：基础平板的跨数以构成柱网的主轴线为准；两主轴线之间无论有几道辅助轴线（例如框筒结构中混凝土内筒中的多道墙体），均可按一跨考虑。

当贯通纵筋采用两种规格钢筋“隔一布一”方式时，表达为 xx/yy@××，表示直径 xx 的钢筋和直径 yy 的钢筋之间的间距为××，直径为 xx 的钢筋、直径为 yy 的钢筋间距分别为××的 2 倍。

施工及预算方面应注意：当基础平板分板区进行集中标注，并且相邻板区板底一平时，两种不同配置的底部贯通纵筋应在两毗邻板跨中配筋较小板跨的跨中连接区域连接（即配置较大板跨的底部贯通纵筋需越过板区分界线伸至毗邻板跨的跨中连接区域）。

9. 梁板式筏形基础平板原位标注包括哪些内容?

（1）原位注写位置及内容

板底部原位标注的附加非贯通纵筋，应在配置相同的第一跨表达（当在基础梁悬挑部位单独配置时则在原位表达）。在配置相同跨的第一跨（或基础梁外伸部位），垂直于基础梁，绘制一段中粗虚线（当该筋通长设置在外伸部位或短跨板下部时，应画至对边或贯通短跨），再续线上注写编号（如①、②等）、配筋值、横向布置的跨数及是否布置到外伸部位。

板底部附加非贯通纵筋自支座中线向两边跨内的伸出长度值注写在线段的下方位置。当该筋向两侧对称伸出时，可仅在一侧标注，另一侧不注：当布置在边梁下时，向基础平板外伸部位一侧的伸出长度与方式按标准构造，设计不注。底部附加非贯通筋相同者，可仅注写一处，其他只注写编号。

横向连续布置的跨数及是否布置到外伸部位，不受集中标注贯通纵筋的板区限制。

原位注写的底部附加非贯通纵筋与集中标注的底部贯通钢筋，宜采用“隔一布一”的方式布置，即基础平板（X 向或 Y 向）底部附加非贯通纵筋与贯通纵筋间隔布置，其标注间距与底部贯通纵筋相同（两者实际组合后的间距为各自标注间距的 1/2）。

（2）注写修正内容

当集中标注的某些内容不适用于梁板式筏形基础平板某板区的某一板跨时，应由设计者在该板跨内注明，施工时应按注明内容取用。

（3）当若干基础梁下基础平板的底部附加非贯通纵筋配置相同时（其底部、顶部的贯通纵筋可以不同），可仅在一根基础梁下做原位注写，并在其他梁上注明“该梁下基础平板底部附加非贯通纵筋同××基础梁”。

10. 16G101 图集里梁板式筏形基础平板标注参考图示是什么样的?

梁板式筏形基础平板 LPB 标注识图，见图 4-2。

11. 梁板式筏形基础平板施工图中还应注明哪些?

除了上述集中标注与原位标注，还有一些内容，需要在图中注明，包括：

（1）当在基础平板周边沿侧面设置纵向构造钢筋时，应在图中注明。

（2）应注明基础平板外伸部位的封边方式，当采用 U 形钢筋封边时应注明其规格、直径及间距。

（3）当基础平板外伸变截面高度时，应注明外伸部位的 h_1/h_2，h_1 为板根部截面高度，h_2 为板尽端截面高度。

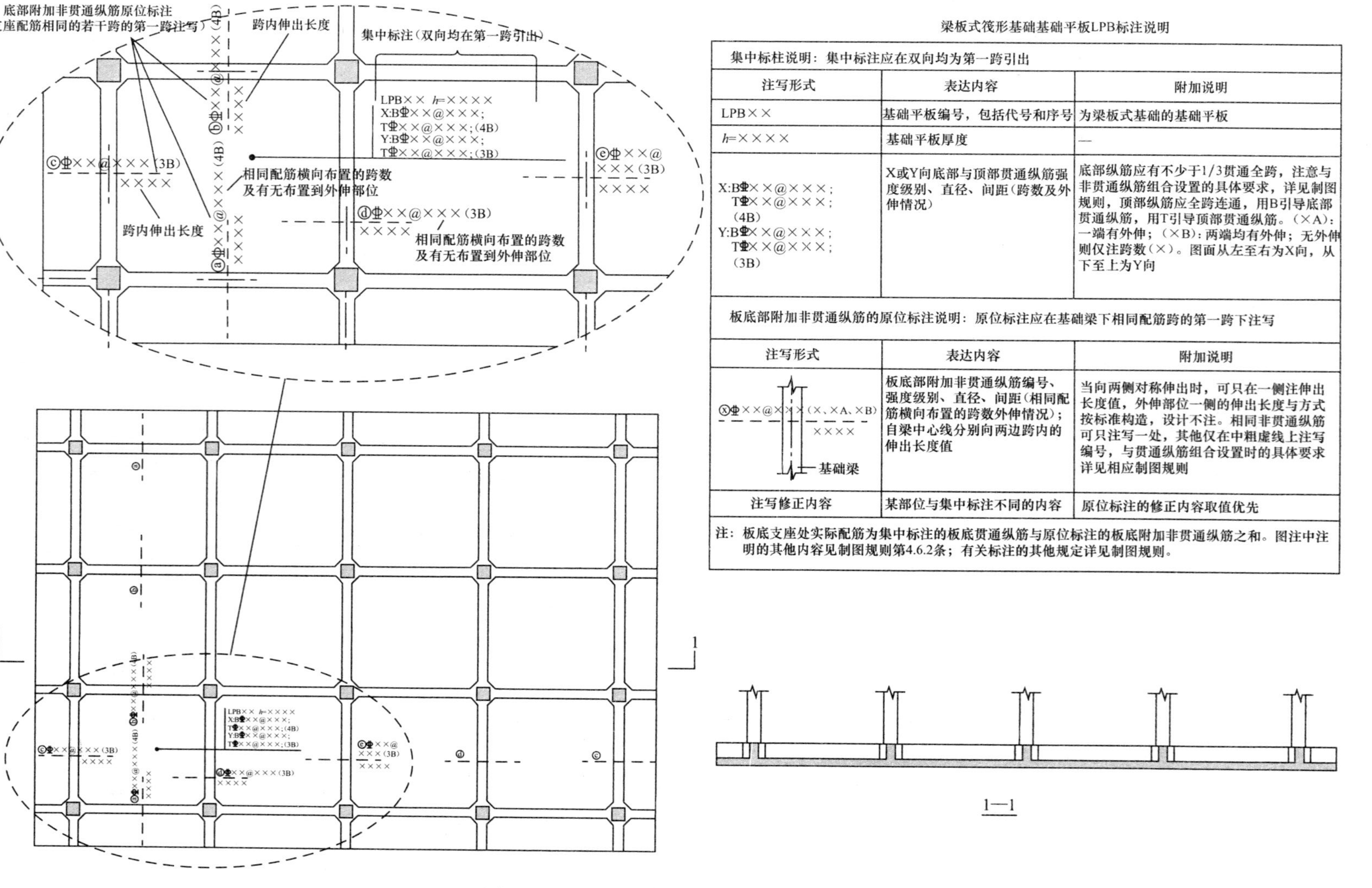

梁板式筏形基础基础平板LPB标注说明

集中标柱说明：集中标注应在双向均为第一跨引出		
注写形式	表达内容	附加说明
LPB××	基础平板编号，包括代号和序号	为梁板式基础的基础平板
h=××××	基础平板厚度	—
X:B⏀××@×××; T⏀××@×××; (4B) Y:B⏀××@×××; T⏀××@×××; (3B)	X或Y向底部与顶部贯通纵筋强度级别、直径、间距（跨数及外伸情况）	底部纵筋应有不少于1/3贯通全跨，注意与非贯通纵筋组合设置的具体要求，详见制图规则，顶部纵筋应全跨连通，用B引导底部贯通纵筋，用T引导顶部贯通纵筋。（×A）：一端有外伸；（×B）：两端均有外伸；无外伸则仅注跨数（×）。图面从左至右为X向，从下至上为Y向
板底部附加非贯通纵筋的原位标注说明：原位标注应在基础梁下相同配筋跨的第一跨下注写		
注写形式	表达内容	附加说明
ⓧ⏀××@×××(×、×A、×B) ×××× 基础梁	板底部附加非贯通纵筋编号、强度级别、直径、间距（相同配筋横向布置的跨数外伸情况）；自梁中心线分别向两边跨内的伸出长度值	当向两侧对称伸出时，可只在一侧注伸出长度值，外伸部位一侧的伸出长度与方式按标准构造，设计不注。相同非贯通纵筋可只注写一处，其他仅在中粗虚线上注写编号，与贯通纵筋组合设置时的具体要求详见相应制图规则
注写修正内容	某部位与集中标注不同的内容	原位标注的修正内容取值优先

注：板底支座处实际配筋为集中标注的板底贯通纵筋与原位标注的板底附加非贯通纵筋之和。图注中注明的其他内容见制图规则第4.6.2条；有关标注的其他规定详见制图规则。

图4-2　梁板式筏形基础平板LPB标注识图

（4）当基础平板厚度大于2m时，应注明具体构造要求。

（5）当在基础平板外伸阳角部位设置放射筋时，应注明放射筋的强度等级、直径、根数以及设置方式等。

（6）板的上、下部纵筋之间设置拉筋时，应注明拉筋的强度等级、直径、双向间距等。

（7）应注明混凝土垫层厚度与强度等级。

（8）结合基础主梁交叉纵筋的上下关系，当基础平板同一层面的纵筋相交叉时，应注明何向纵筋在下，何向纵筋在上。

（9）设计需注明的其他内容。

12. 什么是平板式筏形基础平法施工图?

平板式筏形基础平法施工图，是指在基础平面布置图上采用平面注写方式表达。

当绘制基础平面布置图时，应将平板式筏形基础与其所支承的柱、墙一起绘制。当基础底面标高不同时，需注明与基础底面基准标高不同之处的范围和标高。

13. 平板式筏形基础的注写方式有哪两种？如何进行编号?

平板式筏形基础的平面注写表达方式有两种。一是划分为柱下板带和跨中板带进行表达；二是按基础平板进行表达。平板式筏形基础构件编号见表4-2。

平板式筏形基础构件编号 **表4-2**

构件类型	代号	序号	跨数及有无外伸
柱下板带	ZXB	××	（××）或（××A）或（××B）
跨中板带	KZB	××	（××）或（××A）或（××B）
平板筏基础平板	BPB		

注：1.（××A）为一端有外伸，（××B）为两端有外伸，外伸不计入跨数。
2. 平板式筏形基础平板，其跨数及是否有外伸分别在X、Y两向的贯通纵筋之后表达。图面从左至右为X向，从下至上为Y向。

14. 如何进行柱下板带、跨中板带的集中标注?

柱下板带与跨中板带的集中标注，应在第一跨（X向为左端跨，Y向为下端跨）引出，具体内容包括：

（1）编号

柱下板带、跨中板带编号，见表4-2。

（2）截面尺寸

注写方式为“b=××××”，表示板带宽度（在图注中注明基础平板厚度）。确定柱下板带宽度应根据规范要求与结构实际受力需要。当柱下板带宽度确定后，跨中板带宽度亦随之确定（即相邻两平行柱下板带之间的距离）。当柱下板带中心线偏离柱中心线时，应在平面图上标注其定位尺寸。

（3）底部与顶部贯通纵筋

注写底部贯通纵筋（B 打头）与顶部贯通纵筋（T 打头）的规格与间距，用分号“;”将其分隔开。柱下板带的柱下区域，通常在其底部贯通纵筋的间隔内插空设有（原位注写的）底部附加非贯通纵筋。

施工及预算方面应注意：当柱下板带的底部贯通纵筋配置从某跨开始改变时，两种不同配置的底部贯通纵筋应在两毗邻跨中配置较小跨的跨中连接区域连接（即配置较大跨的底部贯通纵筋需越过其跨数终点或起点伸至毗邻跨的跨中连接区域）。

15. 柱下板带、跨中板带的原位标注包括哪些内容？

柱下板带与跨中板带的原位标注的主要内容是注写底部附加非贯通纵筋。具体内容包括：

（1）注写内容

以一段与板带同向的中粗虚线代表附加非贯通纵筋；柱下板带：贯穿其柱下区域绘制；跨中板带：横贯柱中线绘制。在虚线上注写底部附加非贯通纵筋的编号（例如①、②等）、钢筋级别、直径、间距，以及自柱中线分别向两侧跨内的伸出长度值。当向两侧对称伸出时，长度值可仅在一侧标注，另一侧不注。外伸部位的伸出长度与方式按标准构造，设计不注。对同一板带中底部附加非贯通筋相同者，可仅在一根钢筋上注写，其他可仅在中粗虚线上注写编号。

原位注写的底部附加非贯通纵筋与集中标注的底部贯通纵筋，宜采用“隔一布一”的方式布置，即柱下板带或跨中板带底部附加非贯通纵筋与贯通纵筋交错插空布置，其标注间距与底部贯通纵筋相同（两者实际组合后的间距为各自标注间距的 1/2）。

当跨中板带在轴线区域不设置底部附加非贯通纵筋时，则不做原位注写。

（2）修正内容

当在柱下板带、跨中板带上集中标注的某些内容（例如截面尺寸、底部与顶部贯通纵筋等）不适用于某跨或某外伸部分时，则将修正的数值原位标注在该跨或该外伸部位，施工时原位标注取值优先。

设计时应注意：对于支座两边不同配筋值的（经注写修正的）底部贯通纵筋，应按较小一边的配筋值选配相同直径的纵筋贯穿支座，较大一边的配筋差值选配适当直径的钢筋锚入支座，避免造成两边大部分钢筋直径不相同的不合理配置结果。

16. 16G101 图集里柱下板带与跨中板带标注参考图示是什么样的？

柱下板带 ZXB 与跨中板带 KZB 标注图示，见图 4-3。

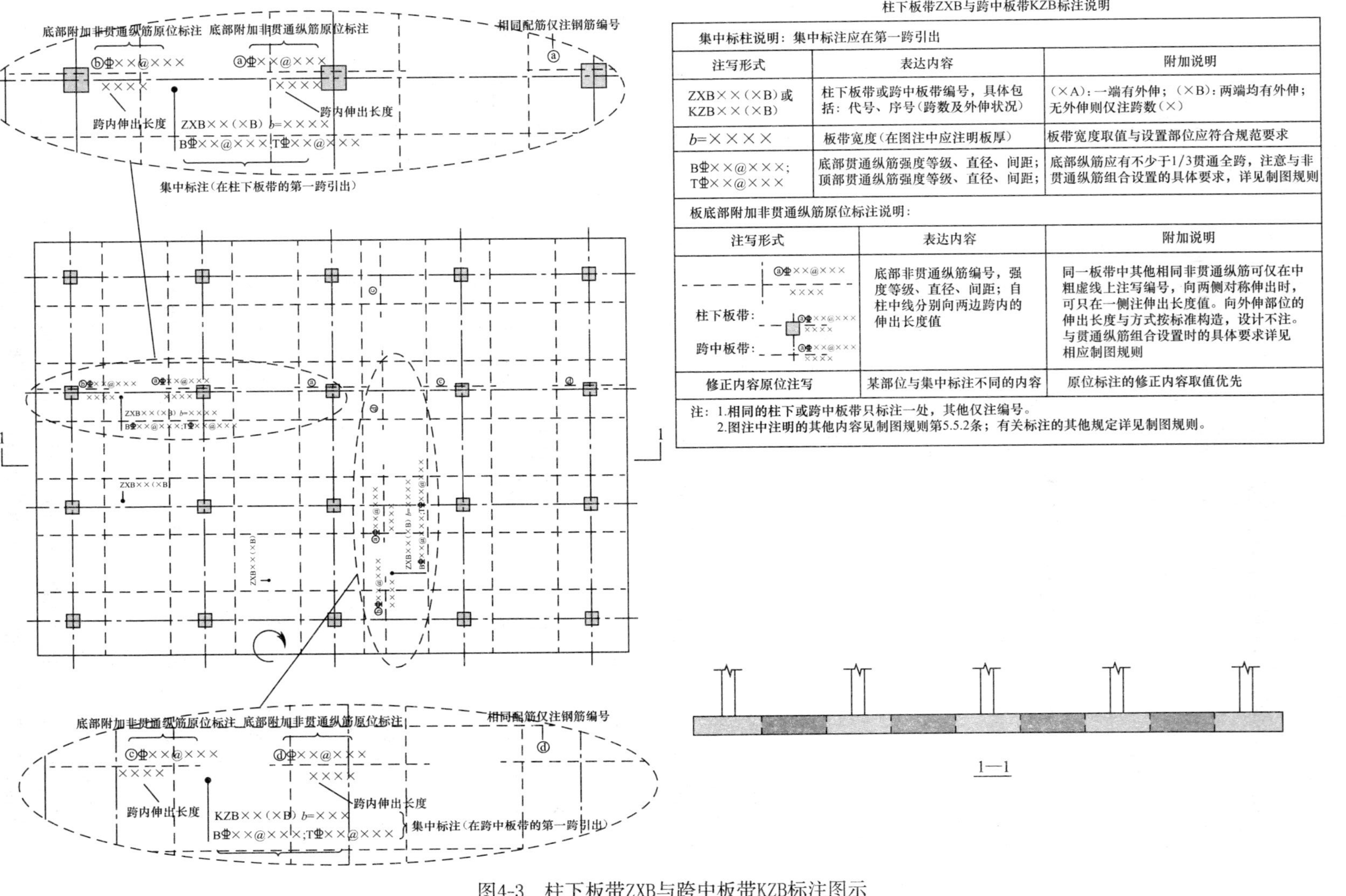

集中标柱说明：集中标注应在第一跨引出		
注写形式	表达内容	附加说明
ZXB××(×B)或KZB××(×B)	柱下板带或跨中板带编号，具体包括：代号、序号（跨数及外伸状况）	(×A)：一端有外伸；(×B)：两端均有外伸；无外伸则仅注跨数(×)
b=××××	板带宽度（在图注中应注明板厚）	板带宽度取值与设置部位应符合规范要求
B⏀××@×××；T⏀××@×××	底部贯通纵筋强度等级、直径、间距；顶部贯通纵筋强度等级、直径、间距；	底部纵筋应有不少于1/3贯通全跨，注意与非贯通纵筋组合设置的具体要求，详见制图规则
板底部附加非贯通纵筋原位标注说明：		
注写形式	表达内容	附加说明
ⓐ⏀××@××× ×××× 柱下板带：ⓐ⏀××@××× ×××× 跨中板带：ⓐ⏀××@××× ××××	底部非贯通纵筋编号，强度等级、直径、间距；自柱中线分别向两边跨内的伸出长度值	同一板带中其他相同非贯通纵筋可仅在中粗虚线上注写编号，向两侧对称伸出时，可只在一侧注伸出长度值。向外伸部位的伸出长度与方式按标准构造，设计不注。与贯通纵筋组合设置时的具体要求详见相应制图规则
修正内容原位注写	某部位与集中标注不同的内容	原位标注的修正内容取值优先

注：1.相同的柱下或跨中板带只标注一处，其他仅注编号。
2.图注中注明的其他内容见制图规则第5.5.2条；有关标注的其他规定详见制图规则。

图4-3　柱下板带ZXB与跨中板带KZB标注图示

17. 平板式筏形基础平板的集中标注包括哪些内容?

当某向底部贯通纵筋或顶部贯通纵筋的配置，在跨内有两种不同间距时，先注写跨内两端的第一种间距，并在前面加注纵筋根数（以表示其分布的范围）；再注写跨中部的第二种间距（不需加注根数）；两者用“/”分隔。

18. 平板式筏形基础平板的原位标注包括哪些内容?

平板式筏形基础平板 BPB 的原位标注，主要表达横跨柱中心线下的底部附加非贯通纵筋。内容包括：

（1）原位注写位置及内容：在配置相同的若干跨的第一跨，垂直于柱中线绘制一段中粗虚线代表底部附加非贯通纵筋，在虚线上的注写内容与梁板式筏形基础平板原位标注内容相同。

当柱中心线下的底部附加非贯通纵筋（与柱中心线正交）沿柱中心线连续若干跨配置相同时，则在该连续跨的第一跨下原位注写，且将同规格配筋连续布置的跨数注在括号内；当有些跨配置不同时，则应分别原位注写。外伸部位的底部附加非贯通纵筋应单独注写（当与跨内某筋相同时仅注写钢筋编号）。

当底部附加非贯通纵筋横向布置在跨内有两种不同间距的底部贯通纵筋区域时，其间距应分别对应为两种，其注写形式应与贯通纵筋保持一致，即先注写跨内两端的第一种间距，并在前面加注纵筋根数；再注写跨中部的第二种间距（不需加注根数）；两者用“/”分隔。

（2）当某些柱中心线下的基础平板底部附加非贯通纵筋横向配置相同时（其底部、顶部的贯通纵筋可以不同），可仅在一条中心线下做原位注写，并在其他柱中心线上注明“该柱中心线下基础平板底部附加非贯通纵筋同××柱中心线”。

19. 16G101图集里平板式筏形基础平板标注参考图示是什么样的?

平板式筏形基础平板 BPB 标注图示，见图 4-4。

4.2 筏形基础平法识图与计算

20. 基础次梁纵向钢筋和箍筋构造要点是什么？非贯通纵筋长度如何计算?

基础次梁纵向钢筋与箍筋构造，见图 4-5。

（1）构造要点

1）同跨箍筋有两种时，其设置范围按具体设计注写值。

2）基础梁外伸部位按梁端第一种箍筋设置或由具体设计注明。

3）基础主梁与次梁交接处基础主梁箍筋贯通，次梁箍筋距主梁边 50mm 开始布置。

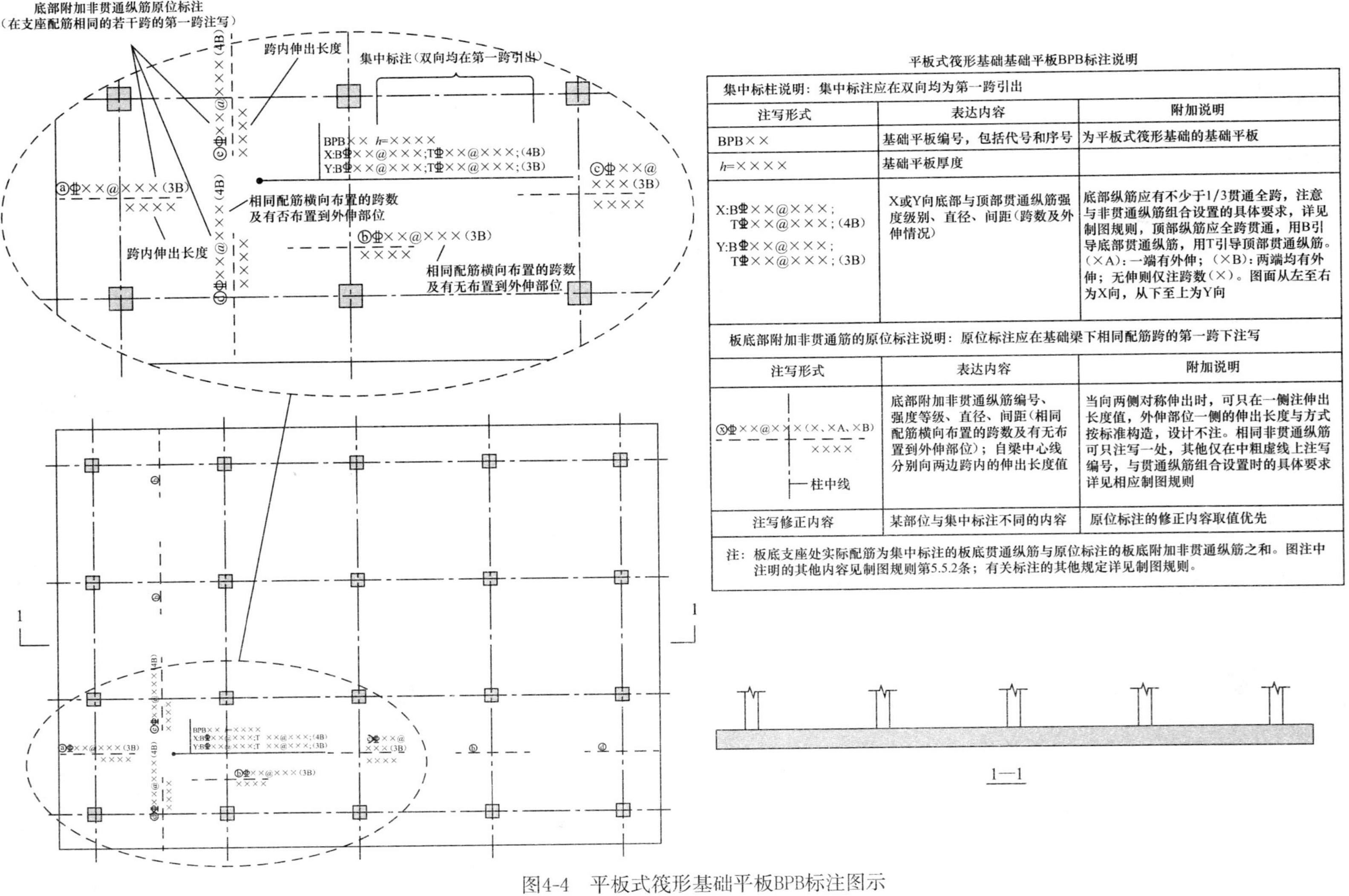

平板式筏形基础基础平板BPB标注说明

注写形式	表达内容	附加说明
集中标柱说明：集中标注应在双向均为第一跨引出		
BPB××	基础平板编号，包括代号和序号	为平板式筏形基础的基础平板
h=××××	基础平板厚度	
X:B⏀××@×××; T⏀××@×××;(4B) Y:B⏀××@×××; T⏀××@×××;(3B)	X或Y向底部与顶部贯通纵筋强度级别、直径、间距（跨数及外伸情况）	底部纵筋应有不少于1/3贯通全跨，注意与非贯通纵筋组合设置的具体要求，详见制图规则，顶部纵筋应全跨贯通，用B引导底部贯通纵筋，用T引导顶部贯通纵筋。(×A)：一端有外伸；(×B)：两端均有外伸；无伸则仅注跨数(×)。图面从左至右为X向，从下至上为Y向
板底部附加非贯通筋的原位标注说明：原位标注应在基础梁下相同配筋跨的第一跨下注写		
注写形式	表达内容	附加说明
ⓧ⏀××@×××(×、×A、×B) ×××× 柱中线	底部附加非贯通纵筋编号、强度等级、直径、间距（相同配筋横向布置的跨数及有无布置到外伸部位）；自梁中心线分别向两边跨内的伸出长度值	当向两侧对称伸出时，可只在一侧注伸出长度值，外伸部位一侧的伸出长度与方式按标准构造，设计不注。相同非贯通纵筋可只注写一处，其他仅在中粗虚线上注写编号，与贯通纵筋组合设置时的具体要求详见相应制图规则
注写修正内容	某部位与集中标注不同的内容	原位标注的修正内容取值优先

注：板底支座处实际配筋为集中标注的板底贯通纵筋与原位标注的板底附加非贯通纵筋之和。图注中注明的其他内容见制图规则第5.5.2条；有关标注的其他规定详见制图规则。

图4-4　平板式筏形基础平板BPB标注图示

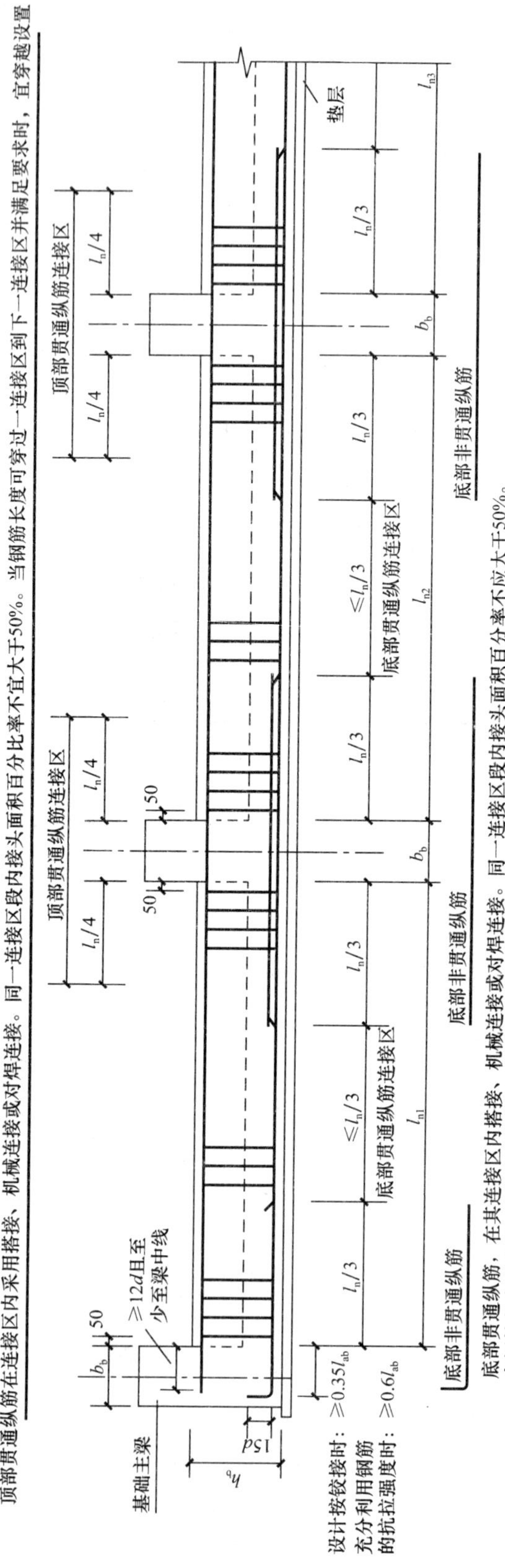

图4-5 基础次梁纵向钢筋与箍筋构造

4）基础次梁 JCL 上部贯通纵筋连接区长度在主梁 JL 两侧各 $l_n/4$ 范围内；下部贯通纵筋的连接区在跨中 $l_n/3$ 范围内，非贯通纵筋的截断位置在基础主梁两侧处 $l_n/3$，l_n 为左跨和右跨之较大值。

（2）非贯通纵筋长度计算

基础次梁支座区域底部非贯通纵筋的伸出长度 a_0 值，当配置不多于两排时，在标准构造详图中统一取值为自支座边向跨内伸出至 $l_n/3$ 位置；当非贯通纵筋配置多于两排时，从第三排起向跨内的伸出长度值应由设计者注明。l_n 的取值规定：边跨边支座的底部非贯通纵筋，l_n 取本边跨的净跨长度值；中间支座的底部非贯通纵筋，l_n 取支座两边较大一跨的净跨长度值。

21. 基础次梁端部钢筋构造有哪些情况?

（1）端部等截面外伸构造

基础次梁端部等截面外伸钢筋构造，见图 4-6。

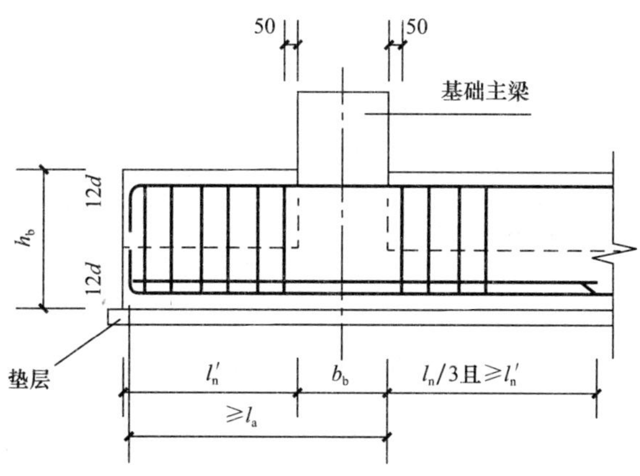

图 4-6　端部等截面外伸构造

梁顶部贯通纵筋伸至尽端内侧弯折 $12d$；梁底部贯通纵筋伸至尽端内侧弯折 $12d$。

梁底部上排非贯通纵筋伸至端部截断；底部下排非贯通纵筋伸至尽端内侧弯折 $12d$，从支座中心线向跨内的延伸长度为 $l_n/3+b_b/2$。

注：当从基础主梁内边算起的外伸长度不满足直锚要求时，基础次梁下部钢筋伸至端部后弯折 $15d$；从梁内边算起水平段长度应$\geq 0.6l_{ab}$。

（2）端部变截面外伸构造

端部变截面外伸钢筋构造，见图 4-7。

梁顶部贯通纵筋伸至尽端内侧弯折 $12d$。梁底部贯通纵筋伸至尽端内侧弯折 $12d$。

梁底部上排非贯通纵筋伸至端部截断；梁底部下排非贯通纵筋伸至尽端内侧弯折 $12d$，从支座中心线向跨内的延伸长度为 $l_n/3+b_b/2$。

注：当从基础主梁内边算起的外伸长度不满足直锚要求时，基础次梁下部钢筋伸至端部后弯折 $15d$；从梁内边算起水平段长度应$\geq 0.6l_{ab}$。

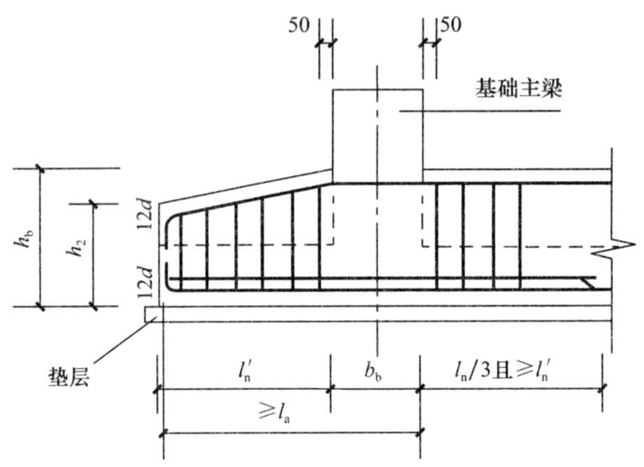

图 4-7　端部变截面外伸钢筋构造

22. 基础次梁竖向加腋钢筋构造是如何规定的？

基础次梁竖向加腋钢筋构造，见图 4-8。

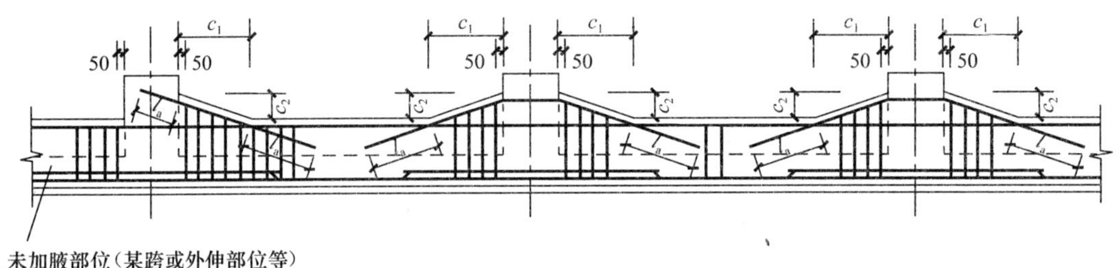

图 4-8　基础次梁竖向加腋钢筋构造

基础次梁竖向加腋筋，长度为锚入基础梁内 l_a；根数为基础次梁顶部第一排纵筋根数−1。

23. 基础次梁配置两种箍筋时构造是怎样的？

基础次梁 JCL 配置两种箍筋构造，见图 4-9。

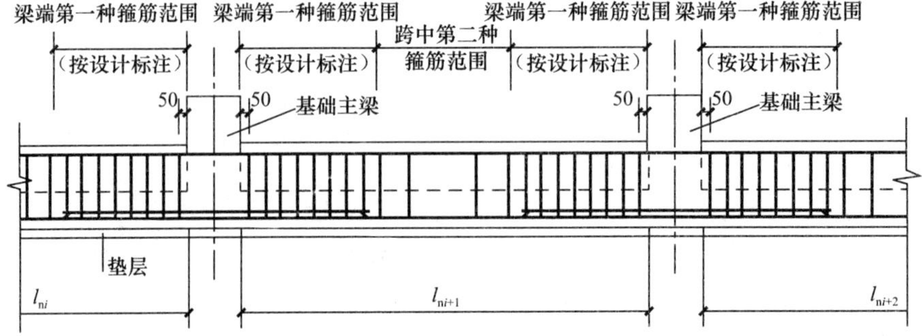

图 4-9　基础次梁 JCL 配置两种箍筋构造

注：l_{ni} 为基础次梁的本跨净跨值。

（1）每跨梁的箍筋布置从基础主梁边沿 50mm 开始计算，依次布置第一种加密箍筋、非加密区箍筋。其中：

第一种加密箍筋按箍筋标注的根数和间距进行布置。

第一种箍筋加密区长度＝箍筋间距×（箍筋根数－1）

非加密区长度＝梁净跨长度－50×2－第一种箍筋加密区长度

（2）当梁只标注一种箍筋的规格和间距时，则整跨基础次梁都按照这种箍筋的规格和间距进行配筋。

24. 基础次梁变截面部位钢筋有哪几种情况？它们的构造要点是什么？

基础次梁变截面部位钢筋构造可分为以下几种情况：

（1）梁顶有高差

当梁顶有高差时，基础次梁变截面部位钢筋构造如图 4-10 所示。

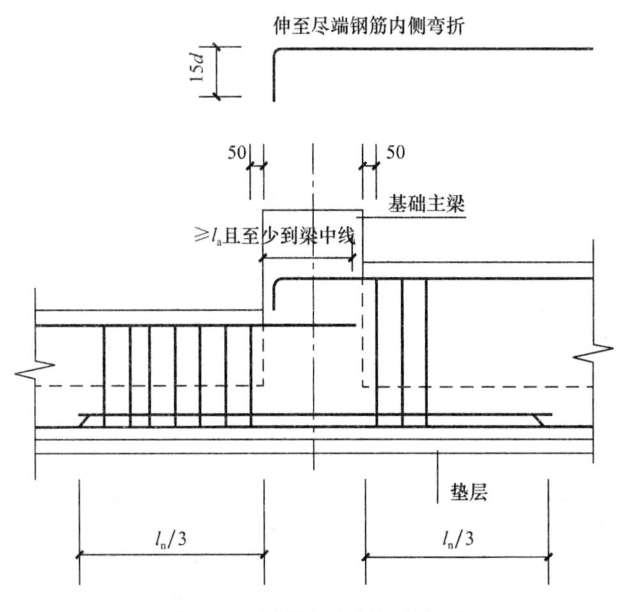

图 4-10　梁顶有高差钢筋构造

其配筋构造要点为：

梁顶面标高高的梁顶部纵筋伸至尽端内侧弯折，弯折长度为 15d。梁顶面标高低的梁上部纵筋锚入基础梁内长度≥l_a 截断即可。

（2）梁底、梁顶均有高差

当梁底、梁顶均有高差时，基础次梁梁顶面标高高的梁顶部纵筋伸至尽端内侧弯折，弯折长度为 15d。梁顶面标高低的梁上部纵筋锚入基础梁内长度≥l_a 截断即可；底面标高低的基础次梁底部钢筋斜伸至梁底面标高高的梁内，锚固长度为 l_a；梁底面标高高的梁底部钢筋锚固长度≥l_a 截断即可。如图 4-11 所示。

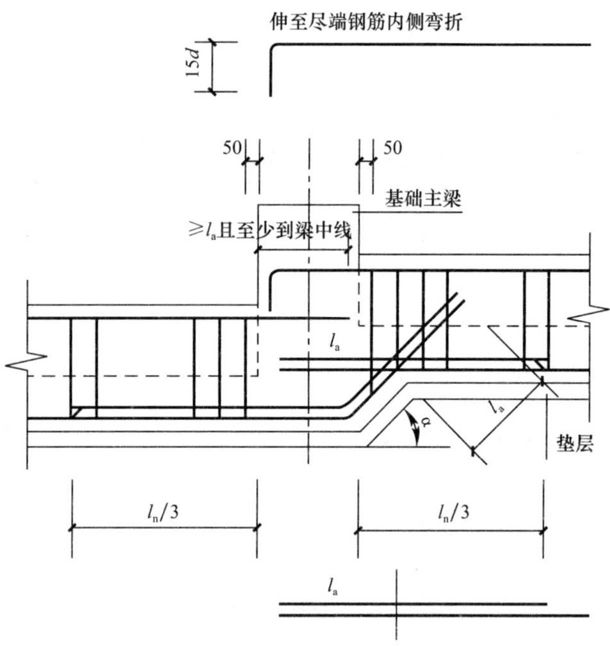

图 4-11　梁底、梁顶均有高差钢筋构造

(3) 梁底有高差

当梁底有高差时，基础次梁变截面部位构造如图 4-12 所示。

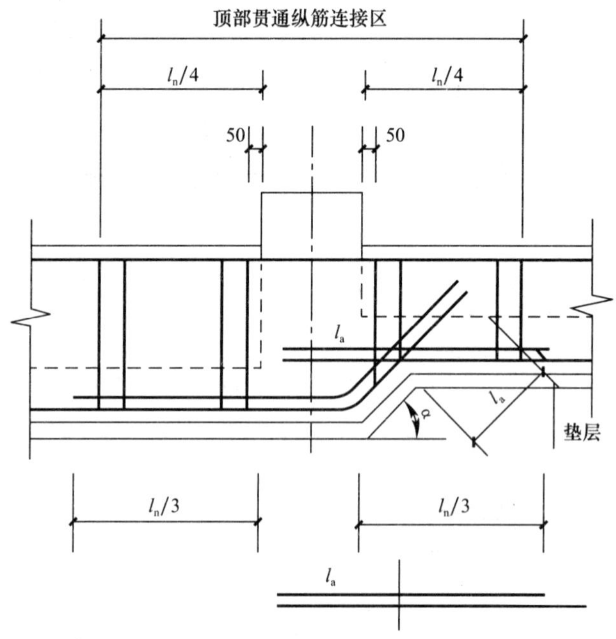

图 4-12　梁底有高差钢筋构造

底面标高低的基础次梁底部钢筋斜伸至梁底面标高高的梁内，锚固长度为 l_a；梁底面标高高的梁底部钢筋锚固长度≥l_a 截断即可。

（4）支座两边梁宽不同

当支座两边梁宽不同时，基础次梁变截面部位钢筋构造如图 4-13 所示。

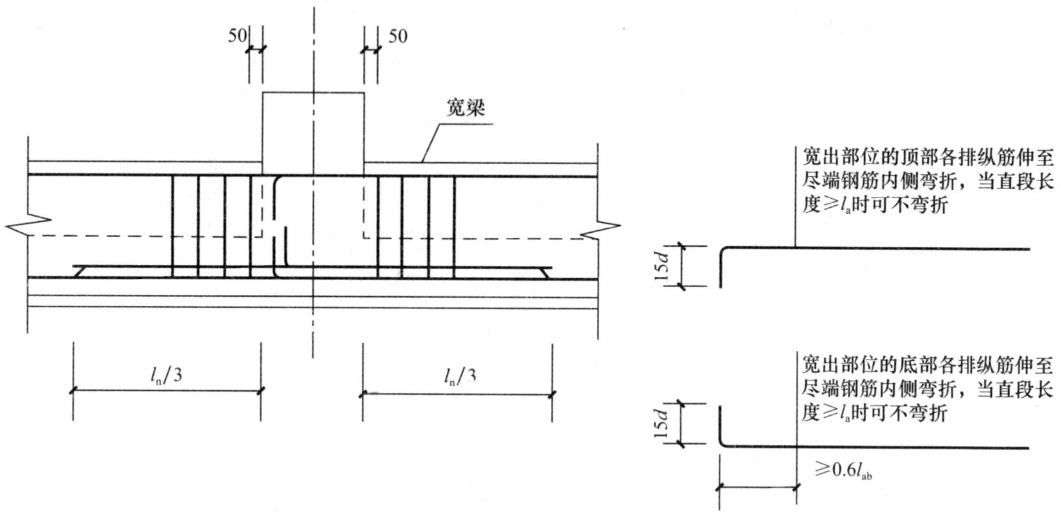

图 4-13　支座两边梁宽不同钢筋构造

1）宽出部位的顶部各排纵筋伸至尽端钢筋内侧弯折 15d，当直段长度≥l_a 时可不弯折。

2）宽出部位的底部各排纵筋伸至尽端钢筋内侧弯折 15d，弯折水平段长度≥$0.6l_{ab}$；当直段长度≥l_a 时可不弯折。

25. 不同情况下，梁板式筏形基础平板钢筋如何构造?

梁板式筏形基础平板钢筋构造，见图 4-14。

梁板式筏形基础平板 LPB 钢筋构造包括“柱下区域”、“跨中区域”两种部位的构造。但就基础平板 LPB 的钢筋构造来看，这两个区域的顶部贯通纵筋、底部贯通纵筋和非贯通纵筋的构造是一样的。

（1）底部非贯通纵筋构造

1）底部非贯通纵筋的延伸长度，根据基础平板 LPB 原位标注的底部非贯通纵筋的延伸长度值进行计算。

2）底部非贯通纵筋自梁中心线到跨内的延伸长度≥$l_n/3$（l_n 是基础平板 LPB 的净跨长度）。

这是因为基础平板 LPB 的底部贯通纵筋连接区长度在图上的标注为“≤$l_n/3$”，而这个连接区的两个端点又是底部非贯通纵筋的端点。

（2）底部贯通纵筋构造

1）底部贯通纵筋在基础平板 LPB 内按贯通布置。由于钢筋定尺长度的影响，底部贯通纵筋可以在跨中的“底部贯通纵筋连接区”进行连接。“底部贯通纵筋连接区”的长度不大于 $l_n/3$（l_n 是基础平板 LPB 的净跨长度）。

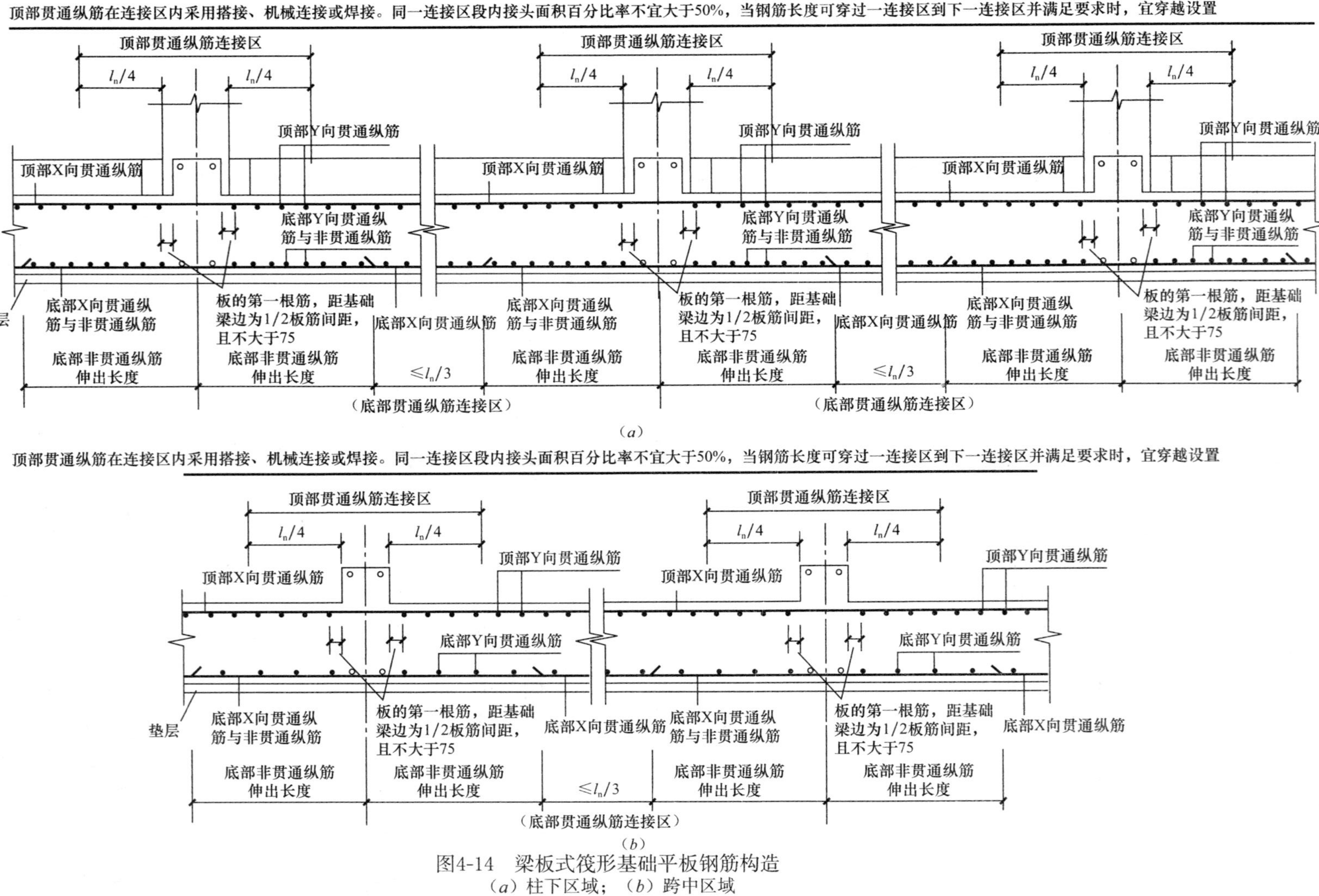

图4-14　梁板式筏形基础平板钢筋构造
（a）柱下区域；（b）跨中区域

底部贯通纵筋连接区长度=跨度－左侧延伸长度－右侧延伸长度

（其中，“左、右侧延伸长度”即左、右侧的底部非贯通纵筋延伸长度。）

2）当底部贯通纵筋直径不一致时：

当某跨底部贯通纵筋直径大于邻跨时，如果相邻板区板底一平，则应在两毗邻跨中配置较小一跨的跨中连接区内进行连接（即配置较大板跨的底部贯通纵筋需越过板区分界线伸至毗邻板跨的跨中连接区域）。基础梁的底部贯通纵筋也有类似的做法。

3）底部贯通纵筋的根数：

梁板式筏形基础平板 LPB 的底部贯通纵筋在距基础梁边 1/2 板筋间距（且不大于 75mm）处开始布置。

这样，底部贯通纵筋的根数算法：以梁边为起点或终点计算布筋范围，然后根据间距计算布筋的间隔个数，这个间隔个数就是钢筋的根数（因为可以把钢筋放在每个间隔的中心）。

（3）顶部贯通纵筋构造

1）“顶部贯通纵筋在连接区内采用搭接、机械连接或焊接，同一连接区段内接头面积百分比率不宜大于 50%。当钢筋长度可穿过连接区到下一连接区并满足要求时，宜穿越设置。”

2）顶部贯通纵筋的根数计算。

顶部贯通纵筋根数的计算方法与底部贯通纵筋相同。

基础平板同一层面的交叉纵筋，何向纵筋在下、何向纵筋在上，应按具体设计说明。

26. 如何进行梁板式筏形基础端部等截面外伸构造？

梁板式筏形基础端部等截面外伸构造如图 4-15 所示。

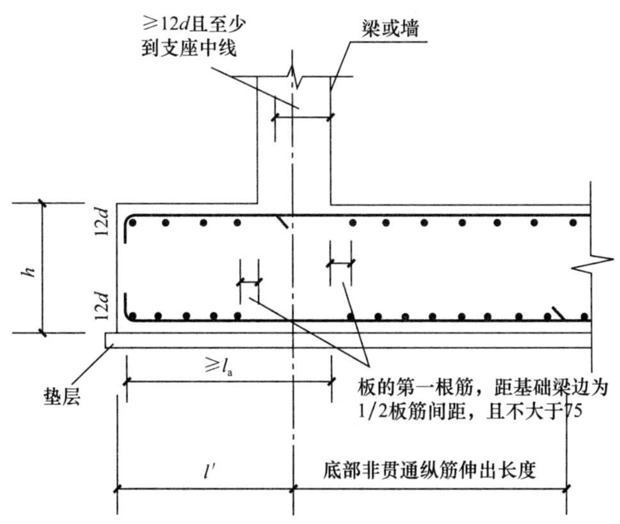

图 4-15 梁板式筏形基础端部等截面外伸构造

（1）底部贯通纵筋伸至外伸尽端（留保护层），向上弯折 12d。

（2）顶部钢筋伸至外伸尽端向下弯折 $12d$。

（3）无需延伸到外伸段顶部的纵筋，其伸入梁内水平段的长度不小于 $12d$，且至少到支座中线。

27. 梁板式筏形基础端部变截面外伸如何构造？

梁板式筏形基础端部变截面外伸构造如图 4-16 所示。

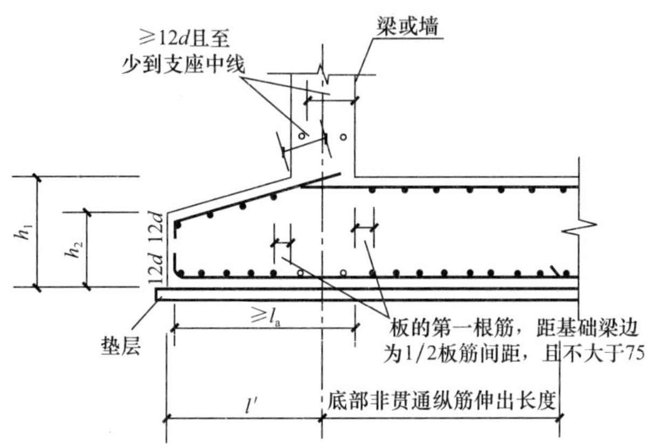

图 4-16　梁板式筏形基础端部变截面外伸构造

（1）底部贯通纵筋伸至外伸尽端（留保护层），向上弯折 $12d$。

（2）非外伸段顶部钢筋伸入梁内水平段长度不小于 $12d$，且至少到梁中线。

（3）外伸段顶部纵筋伸入梁内长度不小于 $12d$，且至少到支座中线。

28. 梁板式筏形基础端部无外伸如何构造？

梁板式筏形基础端部无外伸构造如图 4-17 所示。

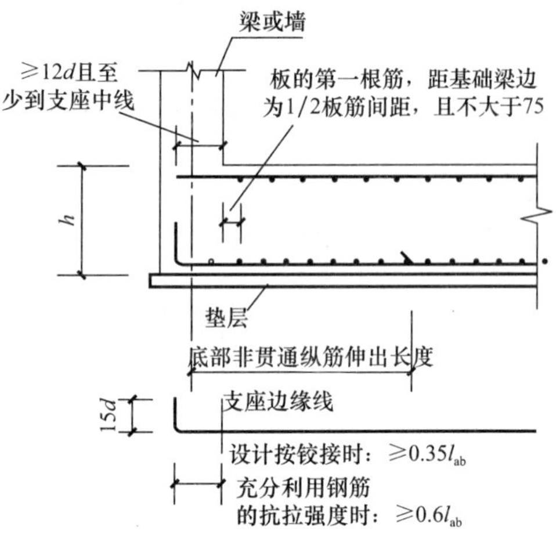

图 4-17　梁板式筏形基础端部无外伸构造

（1）板的第一根筋，距基础梁边为 1/2 板筋间距，且不大于 75mm。

（2）底板贯通纵筋与非贯通纵筋均伸至尽端钢筋内侧，向上弯折 $15d$，且从基础梁内侧起，伸入梁端部且水平段长度由设计指定。底部非贯通纵筋，从基础梁内边缘向跨内的延伸长度由设计指定。

（3）顶部板筋伸至基础梁内的水平段长度不小于 $12d$，且至少到支座中线。

29. 梁板式筏形基础平板变截面部位钢筋构造分哪几种情况？它们的构造要点是什么？

梁板式筏形基础平板变截面部位钢筋构造可分为以下几种情况：

（1）板顶有高差

当板顶有高差时，梁板式筏形基础平板变截面部位钢筋构造如图 4-18 所示。

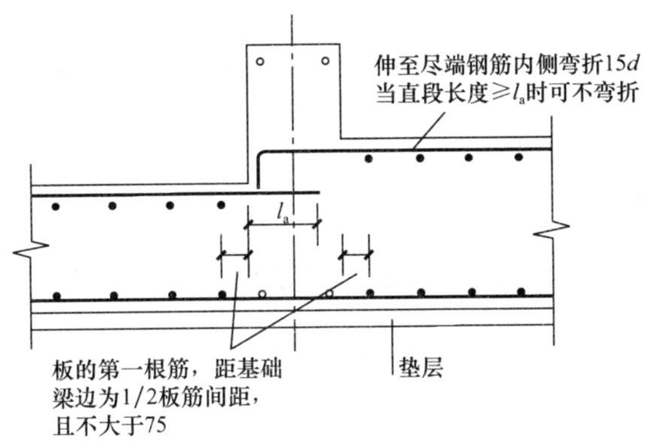

图 4-18　板顶有高差

1）板顶部顶面标高高的板顶部贯通纵筋伸至端部弯折 $15d$，当直线段长度≥l_a 时可不弯折；板顶部顶面标高高的板顶部贯通纵筋锚入梁内 l_a 截断即可。

2）板的第一根筋，距梁边距离为 max（$s/2$，75mm）。

（2）板顶、板底均有高差

当板顶、板底均有高差，板顶面标高高的板顶部纵筋伸至尽端内侧弯折，弯折长度为 $15d$。板顶面标高低的板上部纵筋锚入基础梁内长度≥l_a 截断即可；底面标高低的基础平板底部钢筋斜伸至梁底面标高高的梁内，锚固长度为 l_a；底面标高高的平板底部钢筋锚固长度取 l_a 截断即可。如图 4-19 所示。

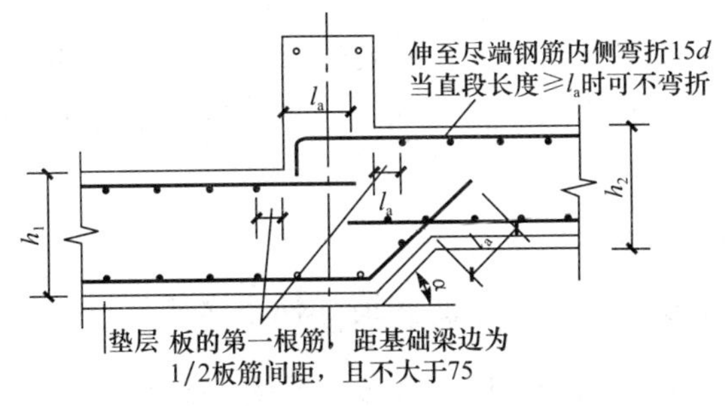

图 4-19　板顶、板底均有高差

（3）板底有高差

当板底有高差时，梁板式筏形基础平板变截面部位钢筋构造如图 4-20 所示。

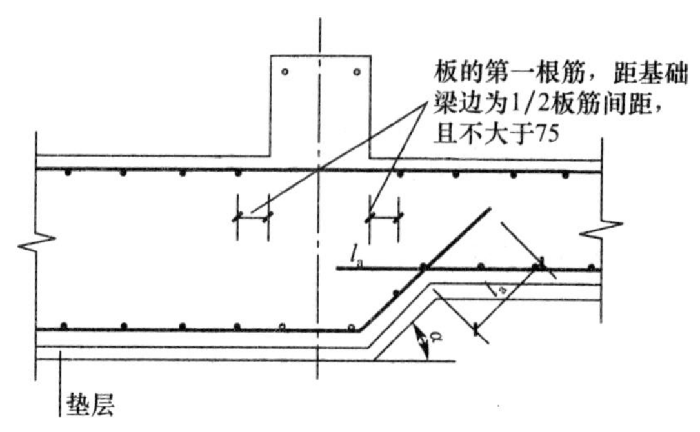

图 4-20　板底有高差

1）底面标高低的基础平板底部钢筋斜伸至梁底面标高高的梁内，锚固长度为 l_a；底面标高高的平板底部钢筋锚固长度≥l_a 截断即可。

2）板的第一根筋，距梁边距离为 max（$s/2$，75mm）。

30. 如何进行平板式筏基柱下板带纵向钢筋构造及计算？

平板式筏基柱下板带纵向钢筋构造，见图 4-21。

其配筋构造要点为：

（1）底部非贯通纵筋由设计注明。

（2）底部贯通纵筋贯通布置。

底部贯通纵筋连接区长度＝跨度－左侧延伸长度－右侧延伸长度。

（3）顶部贯通纵筋按全长贯通布置。

31. 如何进行平板式筏基跨中板带纵向钢筋构造及计算？

平板式筏基跨中板带纵向钢筋构造，见图 4-22。

其配筋构造要点为：

（1）底部非贯通纵筋由设计注明。

（2）底部贯通纵筋贯通布置。

底部贯通纵筋连接区长度＝跨度－左侧延伸长度－右侧延伸长度。

（3）顶部贯通纵筋按全长贯通布置，顶部贯通纵筋的连接区的长度为正交方向柱下板带的宽度。

32. 如何进行平板式筏形基础平板钢筋构造（柱下区域）？

平板式筏形基础平板钢筋构造（柱下区域）如图 4-23 所示。

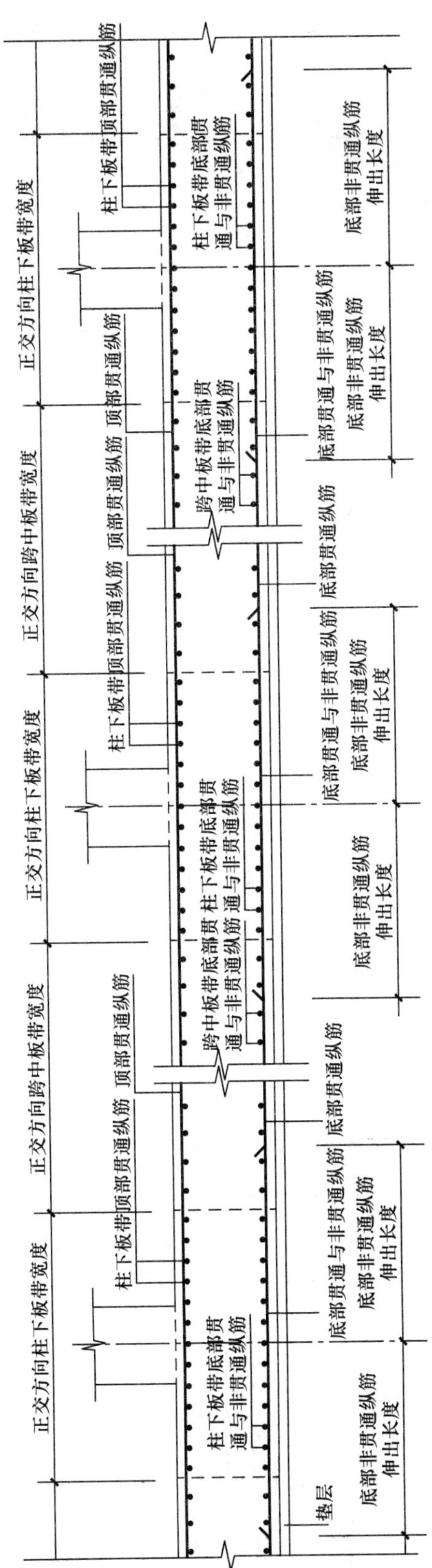

图4-21　平板式筏基柱下板带纵向钢筋构造

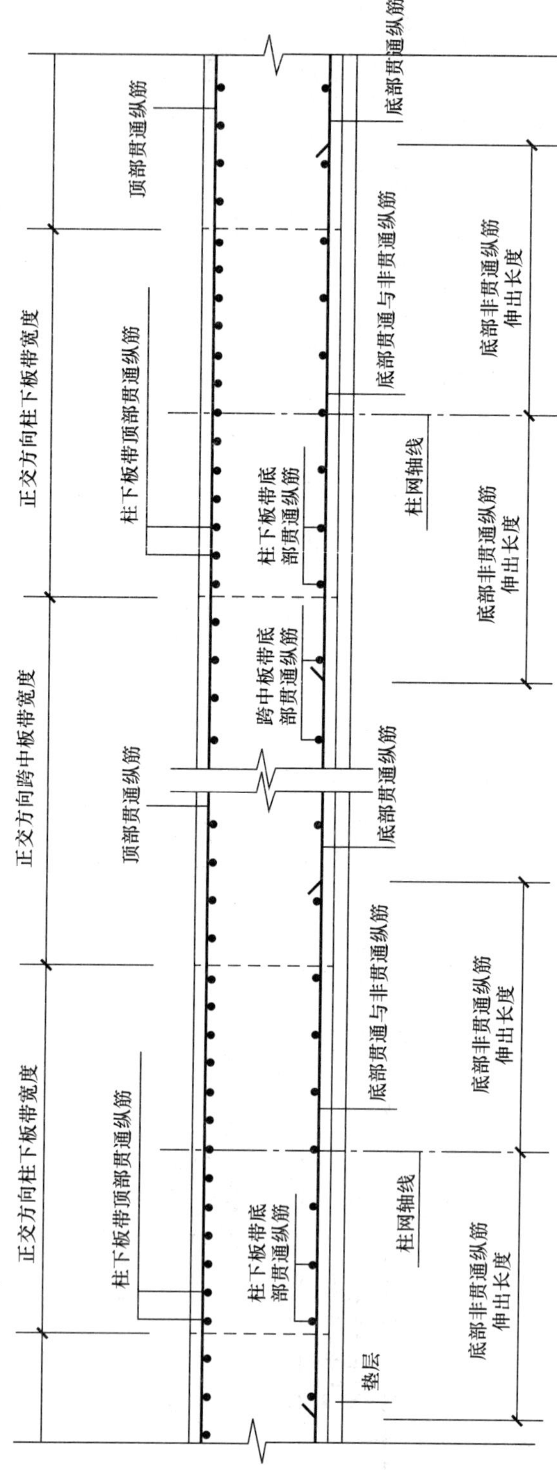

图4-22 平板式筏基柱下板带KZB纵向钢筋构造

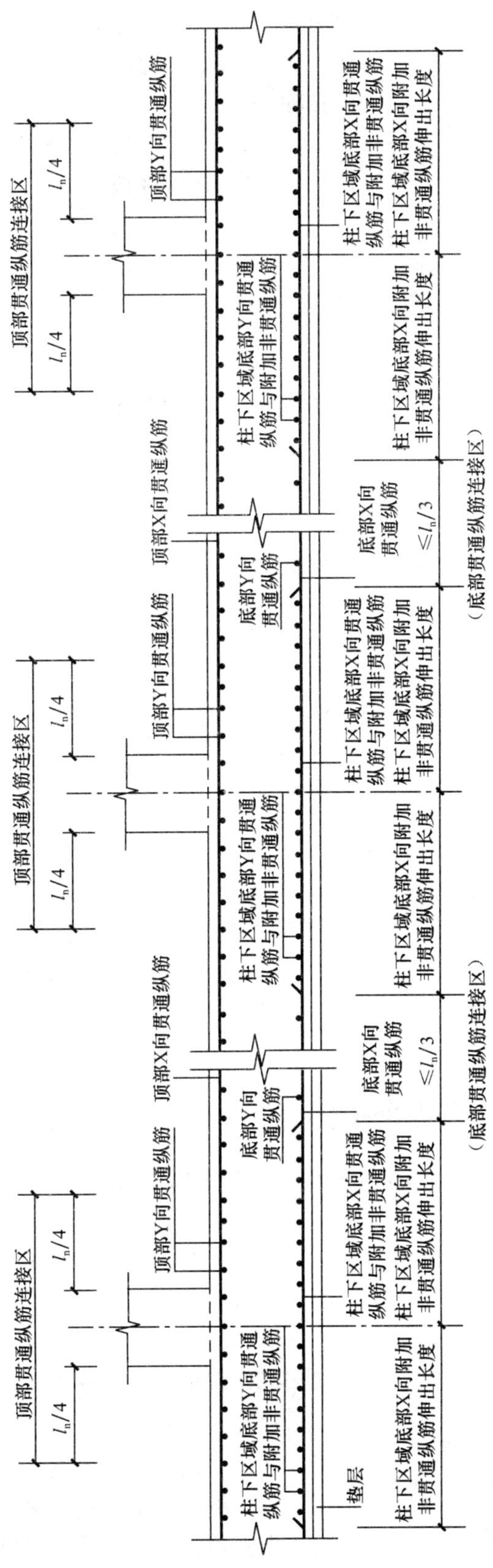

图4-23 平板式筏形基础平板BPB钢筋构造（柱下区域）

（1）底部附加非贯通纵筋自梁中线到跨内的伸出长度≥l_n/3（l_n 为基础平板的轴线跨度）。

（2）底部贯通纵筋连接区长度＝跨度－左侧延伸长度－右侧延伸长度≤l_n/3（左、右侧延伸长度即左、右侧的底部非贯通纵筋延伸长度）。

当底部贯通纵筋直径不一致时：

当某跨底部贯通纵筋直径大于邻跨时，如果相邻板区板底一平，则应在两毗邻跨中配置较小一跨的跨中连接区内进行连接。

（3）顶部贯通纵筋按全长贯通设置，连接区的长度为正交方向的柱下板带宽度。

（4）跨中部位为顶部贯通纵筋的非连接区。

33. 平板式筏形基础中，平板钢筋如何构造（跨中区域）?

平板式筏形基础平板钢筋构造（跨中区域）如图 4-24 所示。

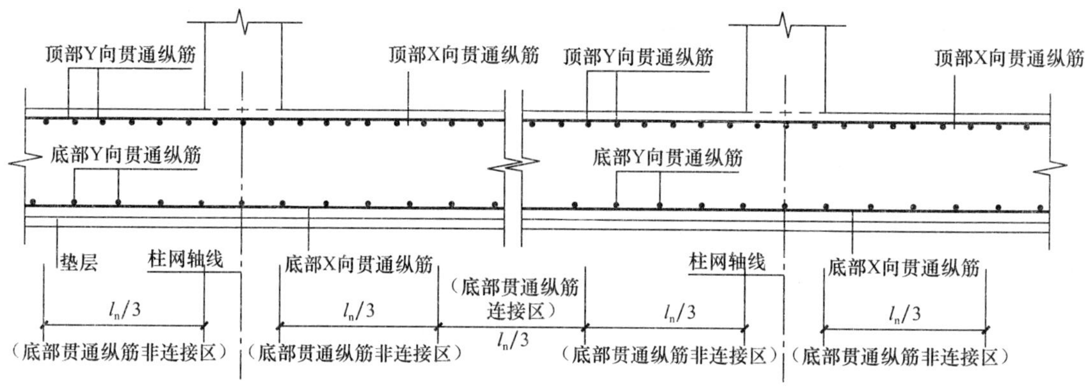

图 4-24　平板式筏形基础平板钢筋构造（跨中区域）

（1）顶部贯通纵筋按全长贯通设置，连接区的长度为正交方向的柱下板带宽度。

（2）跨中部位为顶部贯通纵筋的非连接区。

34. 平板式筏形基础中，平板变截面部位钢筋构造情况有哪些?

平板式筏形基础平板变截面部位钢筋构造可分为以下几种情况：

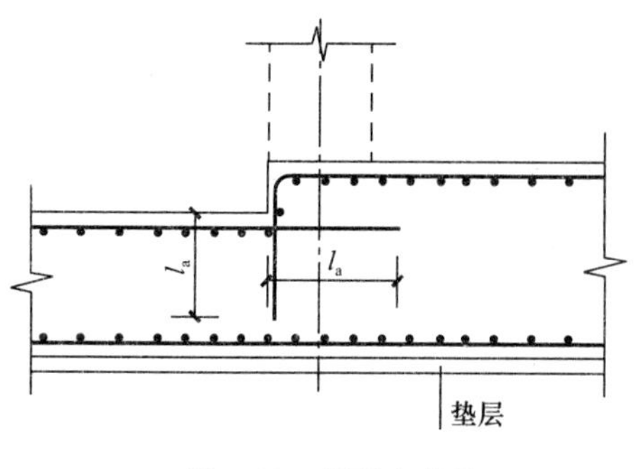

图 4-25　板顶有高差

（1）板顶有高差

当板顶有高差时，平板式筏形基础平板变截面部位钢筋构造如图 4-25 所示。

板顶部顶面标高高的板顶部贯通纵筋伸至端部弯折，弯折长度从板顶部顶面标高低的梁顶面开始算起，弯折长度为 l_a；板顶部顶面标高低的板顶部贯通纵筋锚入梁内 l_a 截断即可。

（2）板顶、板底均有高差

当板顶、板底均有高差时，板顶部顶面标高

高的板顶部贯通纵筋伸至端部弯折，弯折长度从板顶部顶面标高低的梁顶面开始算起，弯折长度为 l_a；板顶部顶面标高低的板顶部贯通纵筋锚入梁内 l_a 截断即可；底面标高低的基础平板底部钢筋斜伸至梁底面标高高的梁内，锚固长度为 l_a；底面标高高的平板底部钢筋锚固长度取 l_a 截断即可。如图 4-26 所示。

(3) 板底有高差

当板底部有高差时，平板式筏形基础平板变截面部位钢筋构造如图 4-27 所示。

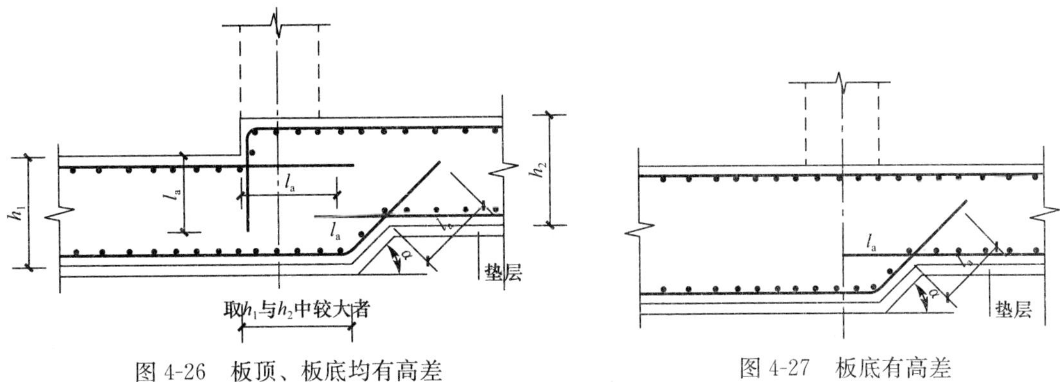

图 4-26 板顶、板底均有高差　　图 4-27 板底有高差

底面标高低的基础平板底部钢筋斜伸至梁底面标高高的梁内，锚固长度为 l_a；底面标高高的平板底部钢筋锚固长度取 l_a 截断即可。

(4) 变截面部位中层钢筋构造

平板式筏形基础平板变截面部位中层钢筋构造如图 4-28 所示。

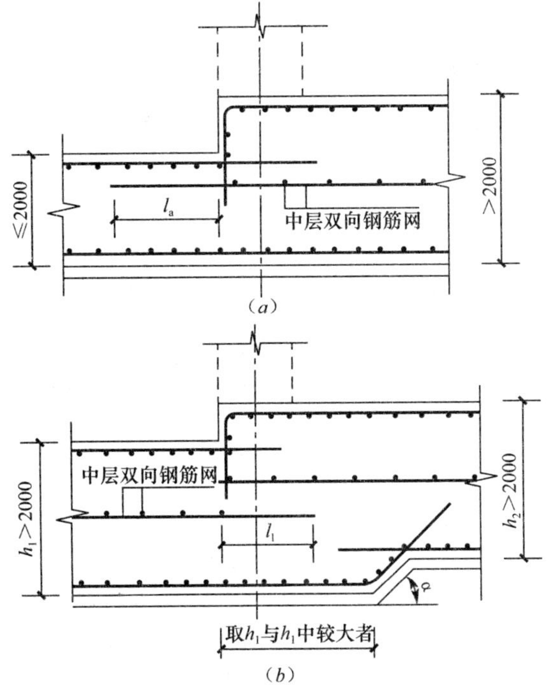

图 4-28 变截面部位中层钢筋构造（一）

(a) 板顶有高差；(b) 板顶、板底均有高差

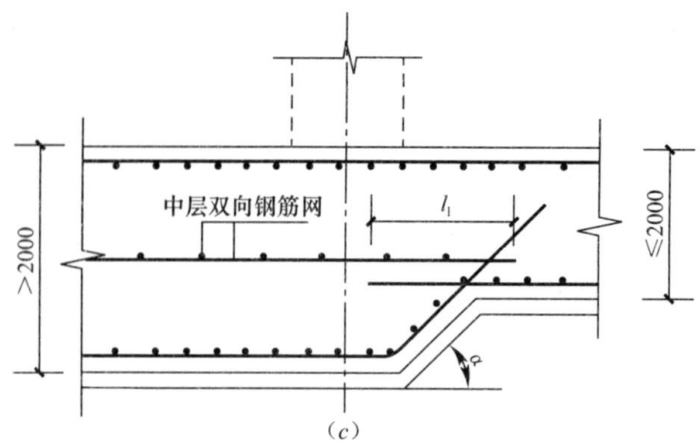

图 4-28 变截面部位中层钢筋构造（二）
（c）板底有高差

中层双向钢筋网直径不宜小于 12mm，间距不宜大于 300mm。

35. 平板式筏形基础中，平板外伸部位钢筋构造情况有哪些?

平板式筏形基础平板外伸部位钢筋构造可分为以下几种情况：

（1）端部无外伸

1）端部为外墙

端部为外墙时，平板式筏形基础平板无外伸部位顶部钢筋直锚入外墙内，锚固长度≥12d，且至少到墙中线；底部钢筋伸至尽端后弯折，弯折长度为 12d，弯折水平段长度≥0.6l_{ab}且至少到墙中线。如图 4-29 所示。

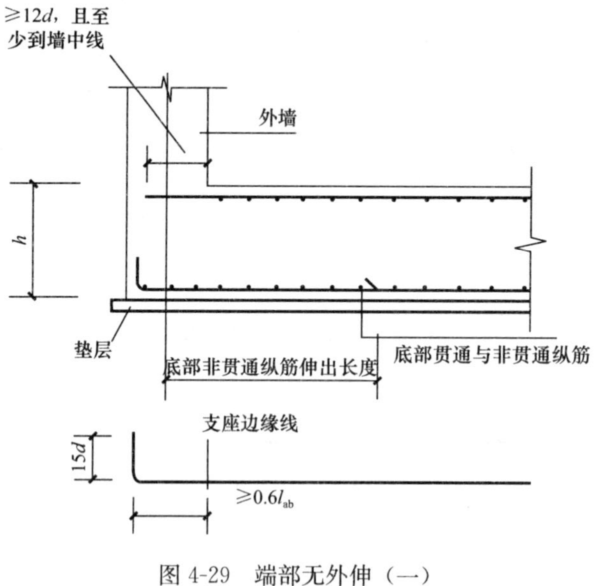

图 4-29 端部无外伸（一）

2）端部为边梁

端部为边梁时，平板式筏形基础平板无外伸部位顶部钢筋直锚入外墙内，锚固长度≥

$12d$，且至少到梁中线。板的第一根筋，距梁边为 max（$s/2$，75mm）；底部钢筋伸至尽端后弯折，弯折长度为 $12d$，弯折水平段长度从梁内边算起，当设计按铰接时应≥0.35l_{ab}；当充分利用钢筋抗拉强度时，应≥0.6l_{ab}。如图 4-30 所示。

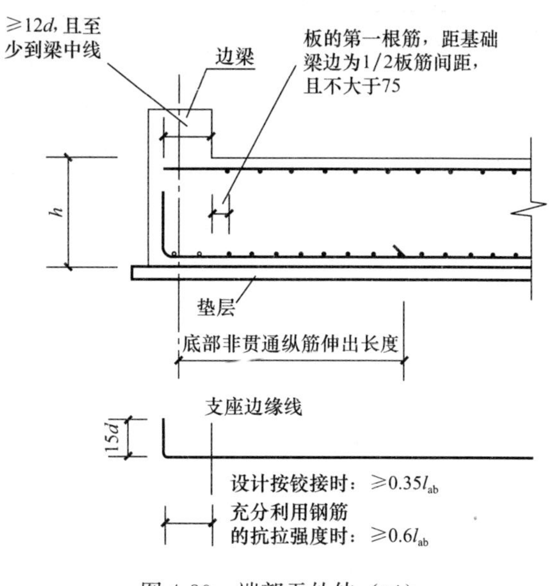

图 4-30　端部无外伸（二）

（2）端部等截面外伸

当端部等截面外伸时，板顶部钢筋伸至尽端后弯折，弯折长度为 $12d$；板底部钢筋伸至尽端后弯折，弯折长度为 $12d$，筏板底部非贯通纵筋伸出长度 l'应由具体工程设计确定，如图 4-31 所示。

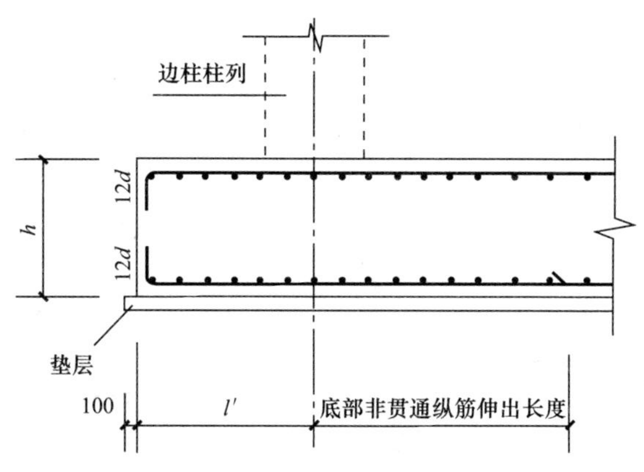

图 4-31　端部等截面外伸构造

（3）板边缘侧面封边构造

1）U 形筋构造封边方式

U 形筋构造封边方式，见图 4-32。

底部钢筋伸至端部弯折 $12d$；另配置 U 形封边筋（该筋直段长度等于板厚减两倍保护层厚度，两端均弯直钩 $15d$ 且不小于 200mm）及侧部构造筋。

2）纵筋弯钩交错封边方式

纵筋弯钩交错封边方式，见图 4-33。

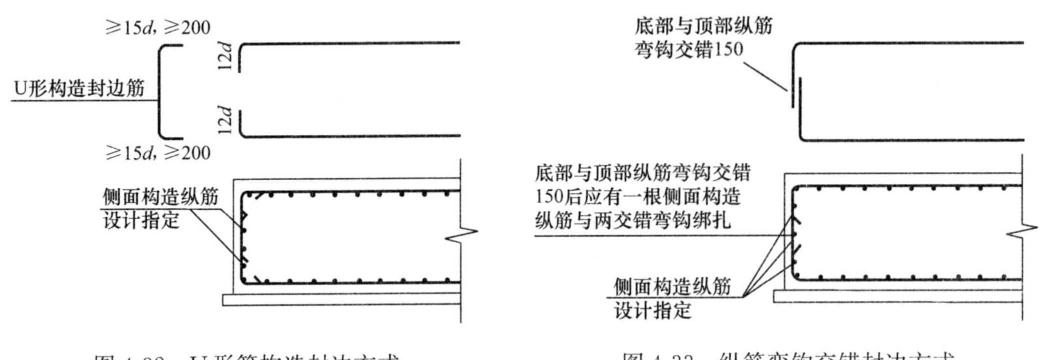

图 4-32　U 形筋构造封边方式　　图 4-33　纵筋弯钩交错封边方式

纵筋弯钩交错封边顶部与底部纵筋交错搭接 150mm，并设置侧部构造筋。底部与顶部纵筋弯钩交错 150mm 后，应有一根侧面构造纵筋与两交错弯钩绑扎。

36. 板式筏形基础中，剪力墙开洞的下过梁如何构造?

由于筏形基础基底的反力或弹性地基梁板内力分析，底板要承受反力引起的剪力、弯矩作用，要求在筏形基础底板上剪力墙洞口位置设置过梁，以承受这种反力的影响。

（1）板式筏形基础在剪力墙下洞口设置的下过梁，纵向钢筋伸过洞口后的锚固长度不小于 l_a，在锚固长度范围内也应配置箍筋（此构造同连梁的顶层构造），如图 4-34 所示。

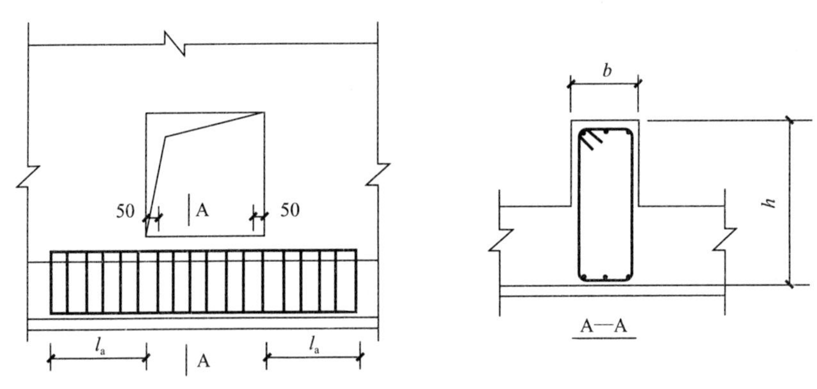

图 4-34　下过梁宽与墙厚相同

（2）下过梁的宽度大于剪力墙厚度时（称为扁梁），纵向钢筋的配置范围应在 b（墙厚）$+2h_0$（板厚）内，锚固长度均应从洞口边计，箍筋应为复合封闭箍筋，在锚固长度范围内也应配置箍筋，如图 4-35 所示。

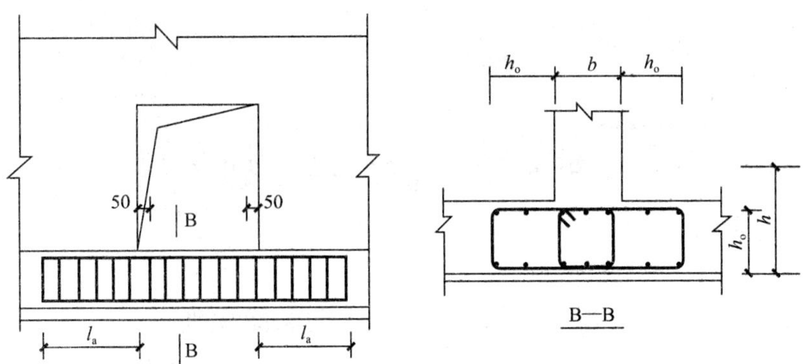

图 4-35　下过梁宽大于墙厚

第5章　桩　基　础

5.1　桩基础平法施工图制图规则

1. 16G101图集对灌注桩平法施工图表示方法有哪些规定?

（1）灌注桩平法施工图系在灌注桩平面布置图上采用列表注写方式或平面注写方式进行表达。

（2）灌注桩平面布置图，可采用适当比例单独绘制，并标注其定位尺寸。

2. 16G101图集规定灌注桩列表注写方式包括哪些内容?

（1）列表注写方式，系在灌注桩平面布置图上，分别标注定位尺寸；在桩表中注写桩编号、桩尺寸、纵筋、螺旋箍筋、桩顶标高、单桩竖向承载力特征值。

（2）桩表注写内容规定如下：

1）桩编号

桩编号由类型和序号组成，应符合表5-1的规定。

桩编号　　表5-1

类型	代号	序号
灌注桩	GZH	××
扩底灌注桩	GZH_K	××

2）桩尺寸

桩尺寸包括桩径D×桩长L，当为扩底灌注桩时，还应在括号内注写扩底端尺寸$D_0/h_b/h_c$或$D_0/h_b/h_{c1}/h_{c2}$。其中，D_0表示扩底端直径，h_b表示扩底端锅底形矢高，h_c表示扩底端高度，如图5-1所示。

3）桩纵筋

桩纵筋包括桩周均布的纵筋根数、钢筋强度级别、从桩顶起算的纵筋配置长度。

① 通长等截面配筋：注写全部纵筋如××Φ××。

② 部分长度配筋：注写桩纵筋如××Φ××/$L1$，其中$L1$表示从桩顶起算的入桩长度。

③ 通长变截面配筋：注写桩纵筋包括通长纵筋××Φ××；非通长纵筋××Φ××/$L1$，其中$L1$表示从桩顶起算的入桩长度。通长纵筋与非通长纵筋沿桩周间隔均匀布置。

4）桩螺旋箍筋

以大写字母L打头，注写桩螺旋箍筋，包括钢筋强度级别、直径与间距。

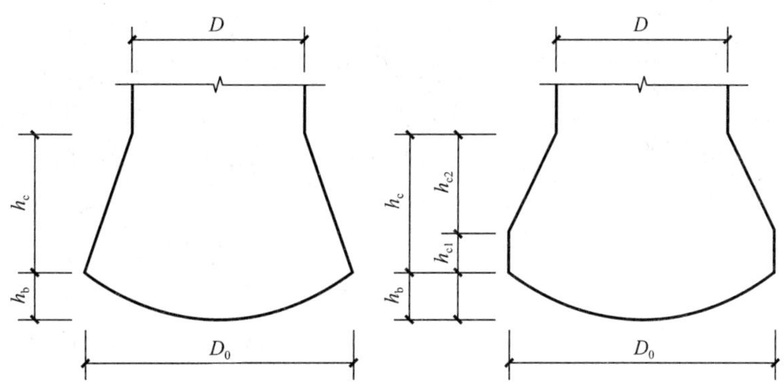

图 5-1　扩底灌注桩扩底端示意

① 用斜线“/”区分桩顶箍筋加密区与桩身箍筋非加密区长度范围内箍筋的间距。16G101-3 中箍筋加密区为桩顶以下 5D（D 为桩身直径），若与实际工程情况不同，需设计者在图中注明。

② 当桩身位于液化土层范围内时，箍筋加密区长度应由设计者根据具体工程情况注明，或者箍筋全长加密。

5）注写桩顶标高。

6）注写单桩竖向承载力特征值。

设计时应注意：当考虑箍筋受力作用时，箍筋配置应符合《混凝土结构设计规范》（GB 50010—2010）的有关规定，并另行注明。

设计未注明时，16G101-3 规定：当钢筋笼长度超过 4m 时，应每隔 2m 设一道直径 12mm 焊接加劲箍；焊接加劲箍亦可由设计另行注明。桩顶进入承台高度 h，桩径 < 800mm 时取 50mm，桩径 ≥ 800mm 时取 100mm。

（3）灌注桩列表注写的格式见表 5-2 的灌注桩表。

灌注桩表　　**表 5-2**

桩号	桩径 D×桩长 L（mm×m）	通长等截面配筋全部纵筋	箍筋	桩顶标高（m）	单桩竖向承载力特征值（kN）
GZH1	80×16.700	10⌀18	L⌀8@100/200	−3.400	2400

注：表中可根据实际情况增加栏目。例如：当采用扩底灌注桩时，增加扩底端尺寸。

3. 16G101 图集规定灌注桩平面注写方式包括哪些内容?

平面注写方式的规则同列表注写方式，将表格中内容除单桩竖向承载力特征值以外集中标注在灌注桩上，见图 5-2。

4. 桩基承台平法施工图的表示方法有哪些?

（1）桩基承台平法施工图，有平面注写与截面注写两种表达方式，设计者可根据具体工程情况选择一种，或将两种方式相结合进行桩基承台施工图设计。

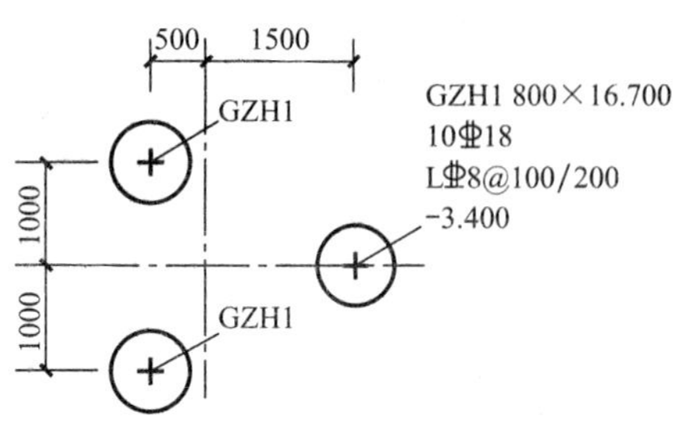

图 5-2　灌注桩平面注写

（2）当绘制桩基承台平面布置图时，应将承台下的桩位和承台所支承的柱、墙一起绘制。当设置基础连系梁时，可根据图面的疏密情况，将基础连系梁与基础平面布置图一起绘制，或将基础连系梁布置图单独绘制。

（3）当桩基承台的柱中心线或墙中心线与建筑定位轴线不重合时，应标注其定位尺寸；编号相同的桩基承台，可仅选择一个进行标注。

5. 桩基承台的编号有何规定？

桩基承台分为独立承台和承台梁，分别按表 5-3 和表 5-4 的规定编号。

独立承台编号　　表 5-3

类型	独立承台截面形状	代号	序号	说明
独立承台	阶形	CT_J	××	单阶截面即为平板式独立承台
	坡形	CT_P	××	

注：杯口独立承台代号可为 BCT_J 和 BCT_P，设计注写方式可参照杯口独立基础，施工详图应由设计者提供。

承台梁编号　　表 5-4

类型	代号	序号	跨数及有无外伸
承台梁	CTL	××	（××）端部无外伸 （××A）一端有外伸 （××B）两端有外伸

6. 如何进行独立承台的集中标注？

独立承台的集中标注，系在承台平面上集中引注：独立承台编号、截面竖向尺寸、配筋三项必注内容，以及承台板底面标高（与承台底面基准标高不同时）和必要的文字注解两项选注内容。具体规定如下：

（1）编号

注写独立承台编号见表 5-3。

独立承台的截面形式通常有两种：

1）阶形截面，编号加下标“J”，如 CT_J××。

2）坡形截面，编号加下标“P”，如 CT_P××。

（2）截面竖向尺寸

即注写 $h_1/h_2/\cdots\cdots$，具体标注为：

1）当独立承台为阶形截面时，见图 5-3 和图 5-4。图 5-3 为两阶，当为多阶时各阶尺寸自下而上用“/”分隔顺写。当阶形截面独立承台为单阶时，截面竖向尺寸仅为一个，且为独立承台总高度，见图 5-4。

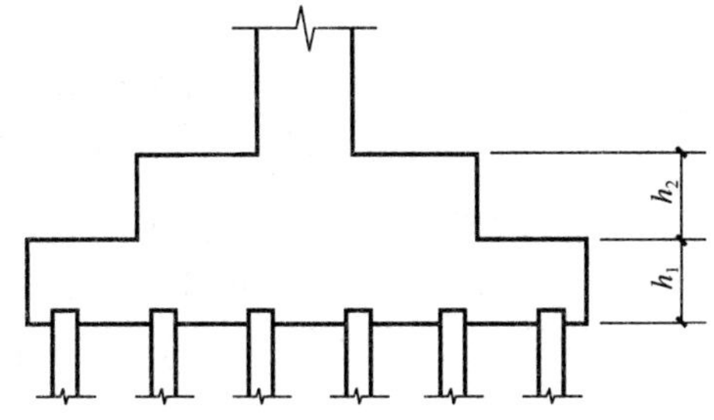

图 5-3 阶形截面独立承台竖向尺寸

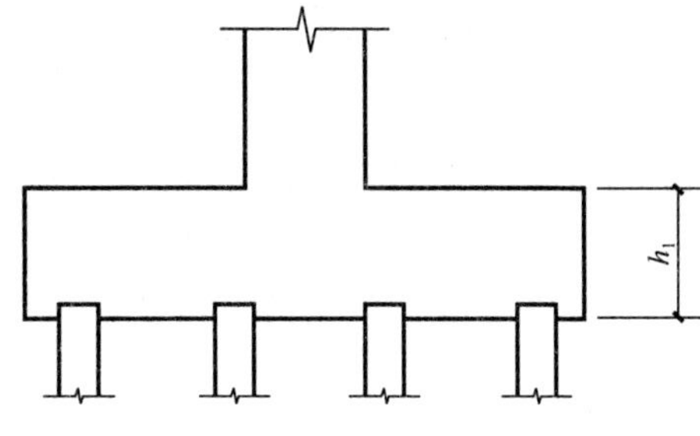

图 5-4 单阶截面独立承台竖向尺寸

2）当独立承台为坡形截面时，截面竖向尺寸注写为 h_1/h_2，见图 5-5。

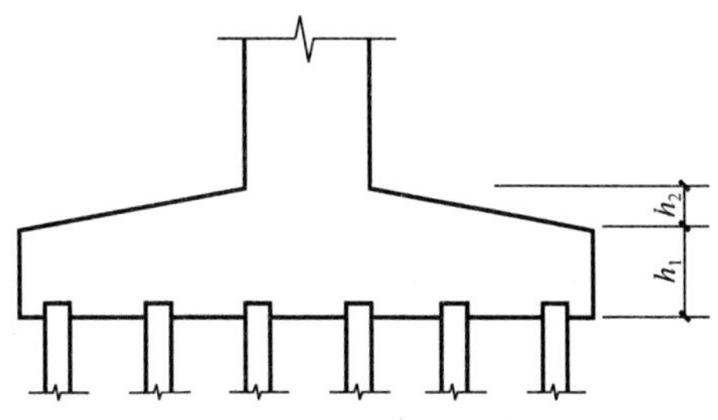

图 5-5 坡形截面独立承台竖向尺寸

（3）配筋

底部与顶部双向配筋应分别注写，顶部配筋仅用于双柱或四柱等独立承台。当独立承台顶部无配筋时，则不注写顶部。注写规定如下：

1）以 B 打头注写底部配筋，以 T 打头注写顶部配筋。

2）矩形承台 X 向配筋以 X 打头，Y 向配筋以 Y 打头；当两向配筋相同时，则以 X&Y 打头。

3）当为等边三桩承台时，以“△”打头，注写三角布置的各边受力钢筋（注明根数并在配筋值后注写“×3”），在“/”后注写分布钢筋，不设分布钢筋时可不注写。

4）当为等腰三桩承台时，以“△”打头注写等腰三角形底边的受力钢筋＋两对称斜边的受力钢筋（注明根数并在两对称配筋值后注写“×2”），在“/”后注写分布钢筋，不设分布钢筋时可不注写。

5）当为多边形（五边形或六边形）承台或异形独立承台，且采用 X 向和 Y 向正交配筋时，注写方式与矩形独立承台相同。

6）两桩承台可按承台梁进行标注。

设计和施工时应注意：三桩承台的底部受力钢筋应按三向板带均匀布置，且最里面的三根钢筋围成的三角形应在柱截面范围内。

（4）基础底面标高

当独立承台的底面标高与桩基承台底面基准标高不同时，应将独立承台底面标高注写在括号内。

（5）文字注解

当独立承台的设计有特殊要求时，宜增加必要的文字注解。

7. 如何进行独立承台的原位标注?

独立承台的原位标注，系在桩基承台平面布置图上标注独立承台的平面尺寸，相同编号的独立承台可仅选择一个进行标注，其他仅注编号。注写规定如下：

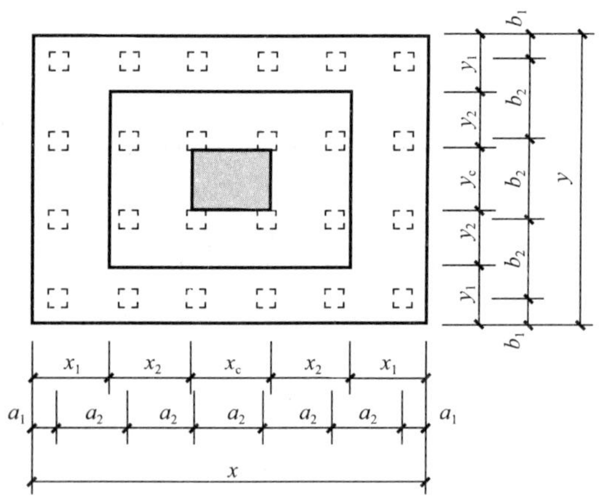

图 5-6 矩形独立承台平面原位标注

(1) 矩形独立承台

原位标注 x、y，x_c、y_c（或圆柱直径 d_c），x_i、y_i，a_i、b_i，$i=1$，2，3……。其中，x、y 为独立承台两向边长，x_c、y_c 为柱截面尺寸，x_i、y_i 为阶宽或坡形平面尺寸，a_i、b_i 为桩的中心距及边距（a_i、b_i 根据具体情况可不注），如图 5-6 所示。

(2) 三桩承台

结合X、Y双向定位，原位标注 x 或 y，x_c、y_c（或圆柱直径 d_c），x_i、y_i，$i=1$，2，3……，a。其中，x 或 y 为三桩独立承台平面垂直于底边的高度，x_c、y_c 为柱截面尺寸，x_i、y_i 为承台分尺寸和定位尺寸，a 为桩中心距切角边缘的距离。

等边三桩独立承台平面原位标注如图 5-7 所示。

等腰三桩独立承台平面原位标注如图 5-8 所示。

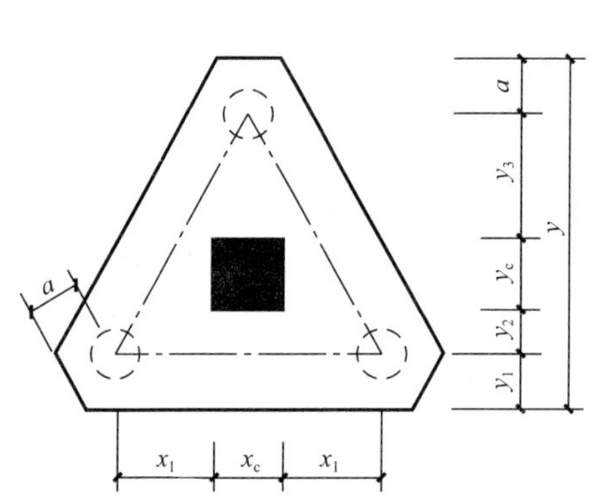

图 5-7 等边三桩独立承台平面原位标注

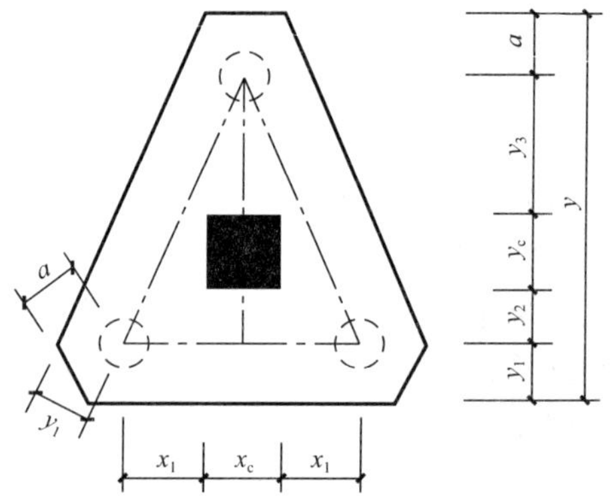

图 5-8 等腰三桩独立承台平面原位标注

(3) 多边形独立承台

结合X、Y双向定位，原位标注 x 或 y，x_c、y_c（或圆柱直径 d_c），x_i、y_i，a_i，$i=1$，2，3……。具体设计时，可参照矩形独立承台或三桩独立承台的原位标注规定。

8. 承台梁的集中标注包括哪些内容？

承台梁的集中标注内容为：承台梁编号、截面尺寸和配筋三项必注内容，以及承台梁底面标高（与承台底面基准标高不同时）、必要的文字注解两项选注内容。具体规定如下：

(1) 编号

注写承台梁编号见表 5-4。

(2) 截面尺寸

即注写 $b\times h$，表示梁截面宽度与高度。

（3）配筋

1）承台梁箍筋

① 当具体设计仅采用一种箍筋间距时，注写钢筋级别、直径、间距与肢数（箍筋肢数写在括号内，下同）。

② 当具体设计采用两种箍筋间距时，用“/”分隔不同箍筋的间距。此时，设计应指定其中一种箍筋间距的布置范围。

施工时应注意：在两向承台梁相交位置，应有一向截面较高的承台梁箍筋贯通设置；当两向承台梁等高时，可任选一向承台梁的箍筋贯通设置。

2）承台梁底部、顶部及侧面纵向钢筋

① 以B打头，注写承台梁底部贯通纵筋。

② 以T打头，注写承台梁顶部贯通纵筋。

③ 当梁底部或顶部贯通纵筋多于一排时，用“/”将各排纵筋自上而下分开。

④ 以大写字母G打头注写承台梁侧面对称设置的纵向构造钢筋的总配筋值（当梁腹板高度 $h_w \geqslant 450$mm时，根据需要配置）。

（4）底面标高

当承台梁底面标高与桩基承台底面基准标高不同时，将承台梁底面标高注写在括号内。

（5）文字注解

当承台梁的设计有特殊要求时，宜增加必要的文字注解。

9. 承台梁的原位标注包括哪些内容？

（1）附加箍筋或（反扣）吊筋

当需要设置附加箍筋或（反扣）吊筋时，将附加箍筋或（反扣）吊筋直接画在平面图中的承台梁上，原位直接引注总配筋值（附加箍筋的肢数注在括号内）。当多数梁的附加箍筋或（反扣）吊筋相同时，可在桩基承台平法施工图上统一注明，少数与统一注明值不同时，再原位直接引注。

施工时应注意：附加箍筋或（反扣）吊筋的几何尺寸如图5-9、图5-10所示，结合其所在位置的主梁和次梁的截面尺寸而定。

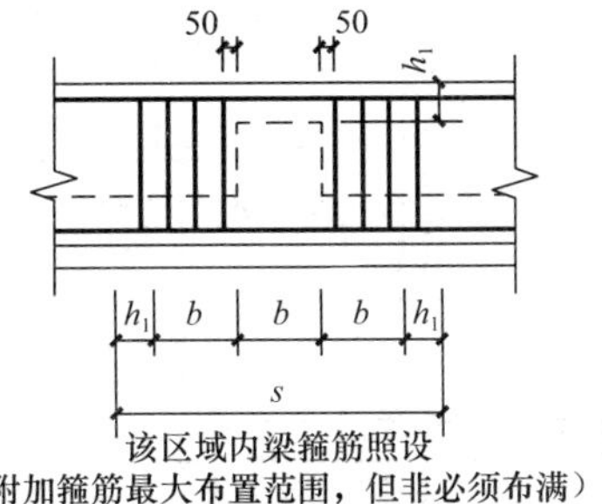

图5-9　附加箍筋构造

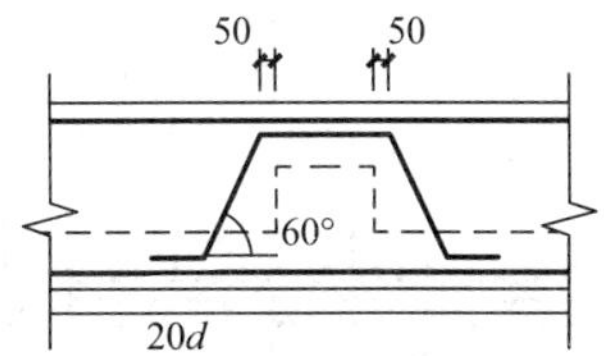

图5-10　附加（反扣）吊筋构造

（吊筋高度应根据基础梁高度推算，吊筋顶部平直段与基础梁顶部纵筋净跨应满足规范要求，当净跨不足时应置于下一排）

（2）修正内容

当在承台梁上集中标注的某项内容（如截面尺寸、箍筋、底部与顶部贯通纵筋或架立筋、梁侧面纵向构造钢筋、梁底面标高等）不适用于某跨或某外伸部位时，将其修正内容原位标注在该跨或该外伸部位，施工时原位标注取值优先。

10. 桩基承台的截面注写方式如何分类?

（1）桩基承台的截面注写方式，可分为截面标注和列表注写（结合截面示意图）两种表达方式。

采用截面注写方式，应在桩基平面布置图上对所有桩基进行编号，见表 5-3 和表 5-4。

（2）桩基承台的截面注写方式，可参照独立基础及条形基础的截面注写方式，进行设计施工图的表达。

5.2 桩基础平法识图

11. 矩形承台配筋如何构造?

矩形承台配筋构造如图 5-11 所示。

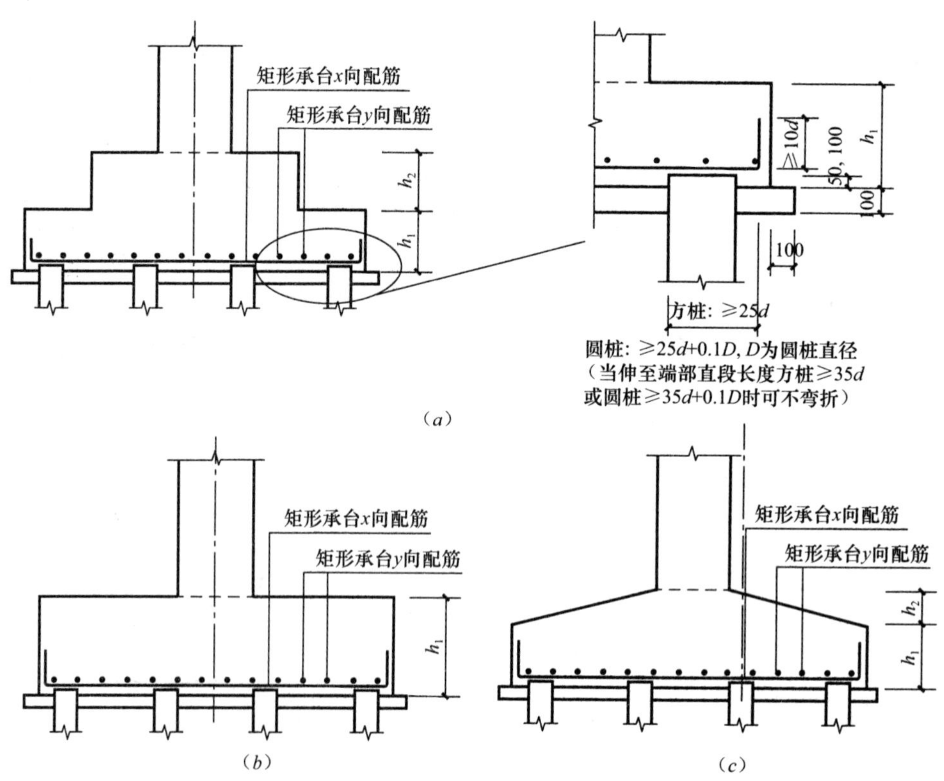

图 5-11　矩形承台配筋构造（一）

（a）阶形截面 CT_J；（b）单阶形截面 CT_J；（c）坡形截面 CT_P

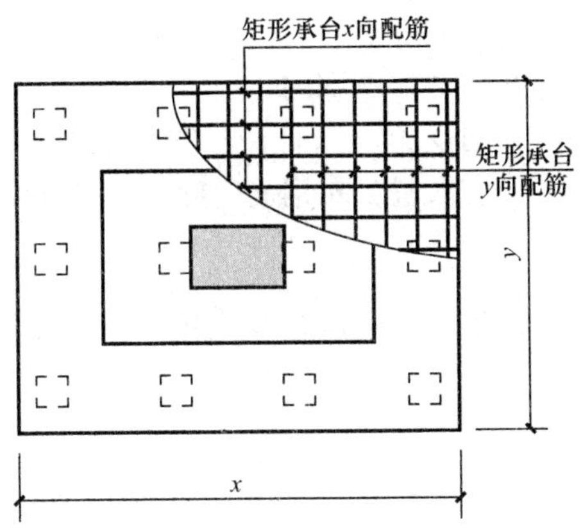

图 5-11　矩形承台配筋构造（二）

当桩直径或桩截面边长＜800mm 时，桩顶嵌入承台 50mm；当桩径或桩截面边长≥800mm 时，桩顶嵌入承台 100mm。

12. 等边三桩承台如何配筋?

等边三桩承台配筋构造如图 5-12 所示。

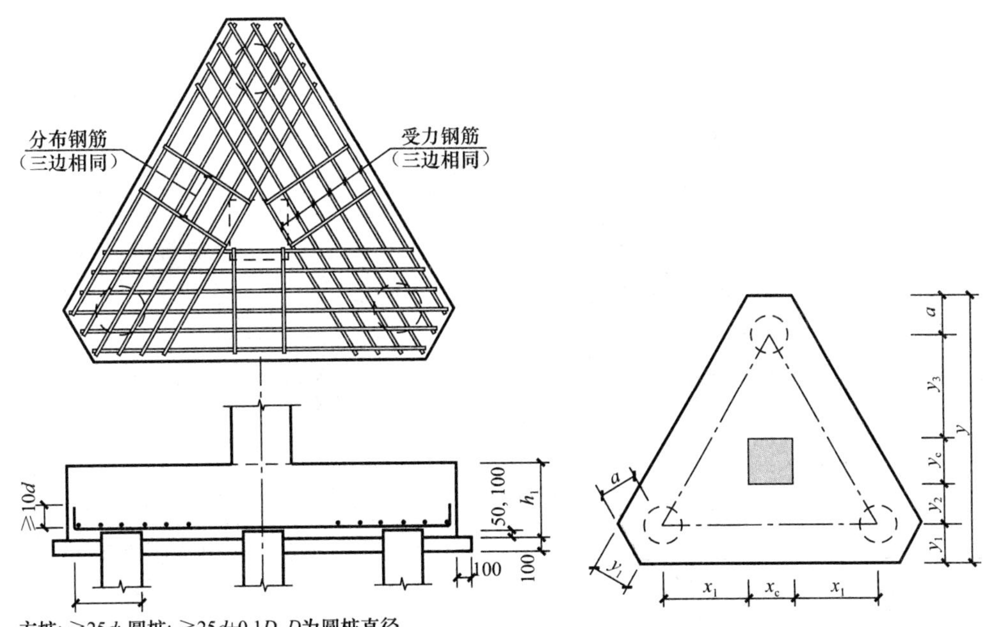

图 5-12　等边三桩承台配筋构造

（1）当桩直径或桩截面边长＜800mm 时，桩顶嵌入承台 50mm；当桩径或桩截面边长≥800mm 时，桩顶嵌入承台 100mm。

（2）几何尺寸和配筋按具体结构设计和本图构造确定。等边三桩承台受力钢筋以

“△”打头注写各边受力钢筋×3。

（3）最里面的三根钢筋应在柱截面范围内。

（4）设计时应注意：承台纵向受力钢筋直径不宜小于12mm，间距不宜大于200mm，其最小配筋率≥0.15%，板带上宜布置分布钢筋。施工按设计文件标注的钢筋进行施工。

13. 如何进行等腰三桩承台配筋？三桩承台受力钢筋端部如何构造？

等腰三桩承台配筋构造如图5-13所示。

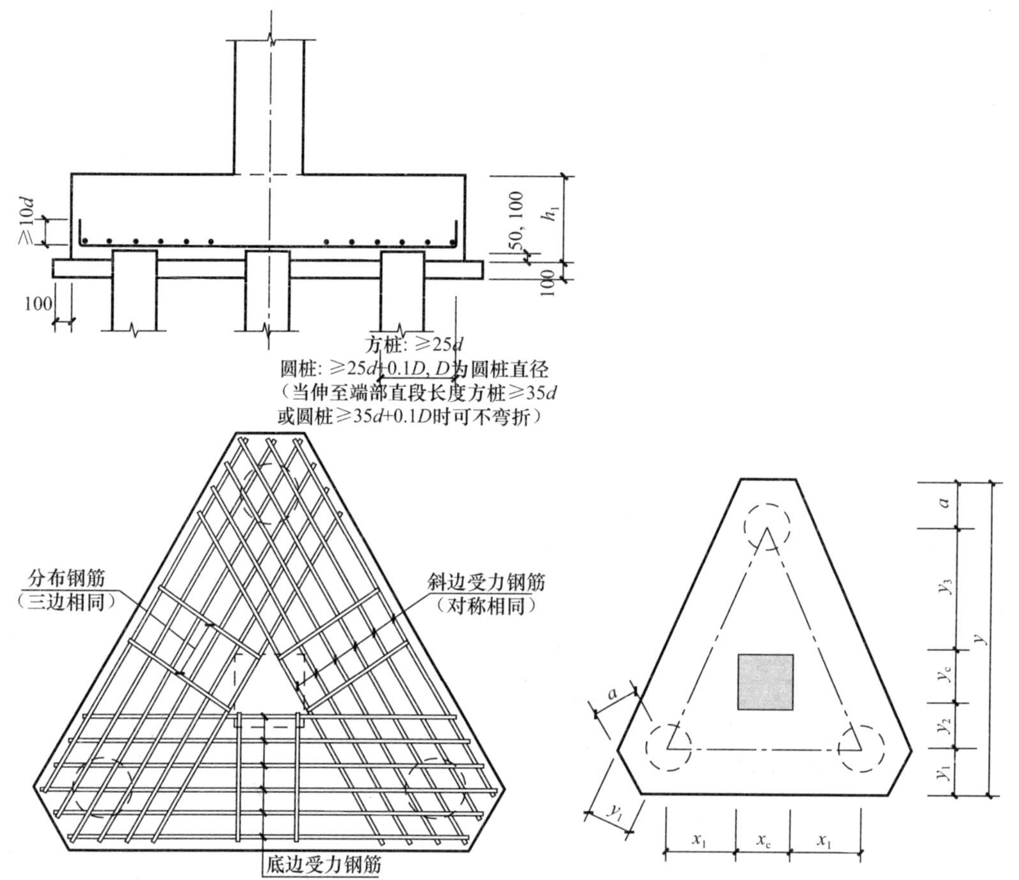

图5-13　等腰三桩承台配筋构造

（1）当桩直径或桩截面边长<800mm时，桩顶嵌入承台50mm；当桩径或桩截面边长≥800mm时，桩顶嵌入承台100mm。

（2）几何尺寸和配筋按具体结构设计和本图构造确定。等边三桩承台受力钢筋以“△”打头注写底边受力钢筋＋对称等腰斜边受力钢筋并且×2。

（3）最里面的三根钢筋应在柱截面范围内。

（4）设计时应注意：承台纵向受力钢筋直径不宜小于12mm，间距不宜大于200mm，其最小配筋率≥0.15%，板带上宜布置分布钢筋。施工按设计文件标注的钢筋进行施工。

（5）三桩承台受力钢筋端部构造如图5-14所示。

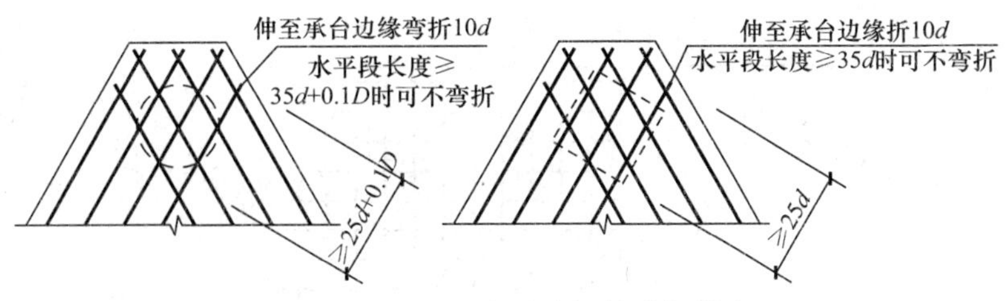

图 5-14　三桩承台受力钢筋端部构造

14. 六边形承台和非正六边形承台如何进行配筋?

正六边形承台配筋构造如图 5-15 所示，非正六边形承台配筋构造如图 5-16 所示。

六边形承台y向配筋

六边形承台x向配筋

≥10d

100

50, 100

h_1

100

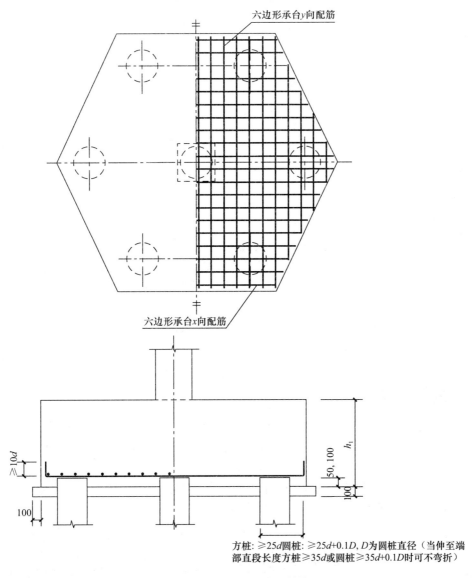

方桩: ≥25d圆桩: ≥25d+0.1D, D为圆桩直径（当伸至端部直段长度方桩≥35d或圆桩≥35d+0.1D时可不弯折）

图 5-15　正六边形承台配筋构造

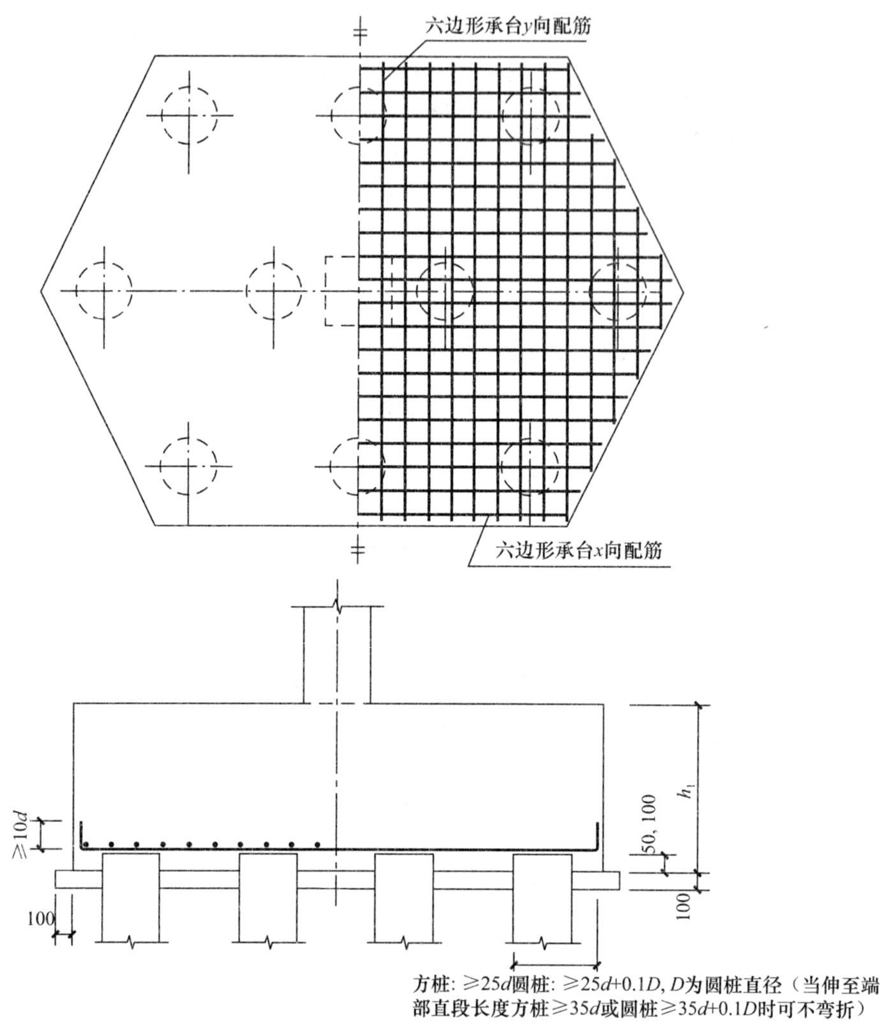

图 5-16　非正六边形承台配筋构造

当桩直径或桩截面边长<800mm 时，桩顶嵌入承台 50mm；当桩径或桩截面边长≥800mm 时，桩顶嵌入承台 100mm。

15. 如何进行双柱联合承台底部与顶部配筋?

双柱联合承台底部与顶部配筋构造如图 5-17 所示。

（1）当桩直径或桩截面边长<800mm 时，桩顶嵌入承台 50mm；当桩径或桩截面边长≥800mm 时，桩顶嵌入承台 100mm。

（2）几何尺寸和配筋按具体结构设计和本图构造确定。

（3）需设置上层钢筋网片时，由设计指定。

16. 不同情况下，如何进行承台梁配筋?

墙下单排桩承台梁配筋构造如图 5-18 所示，墙下双排桩承台梁配筋构造如图 5-19 所示。

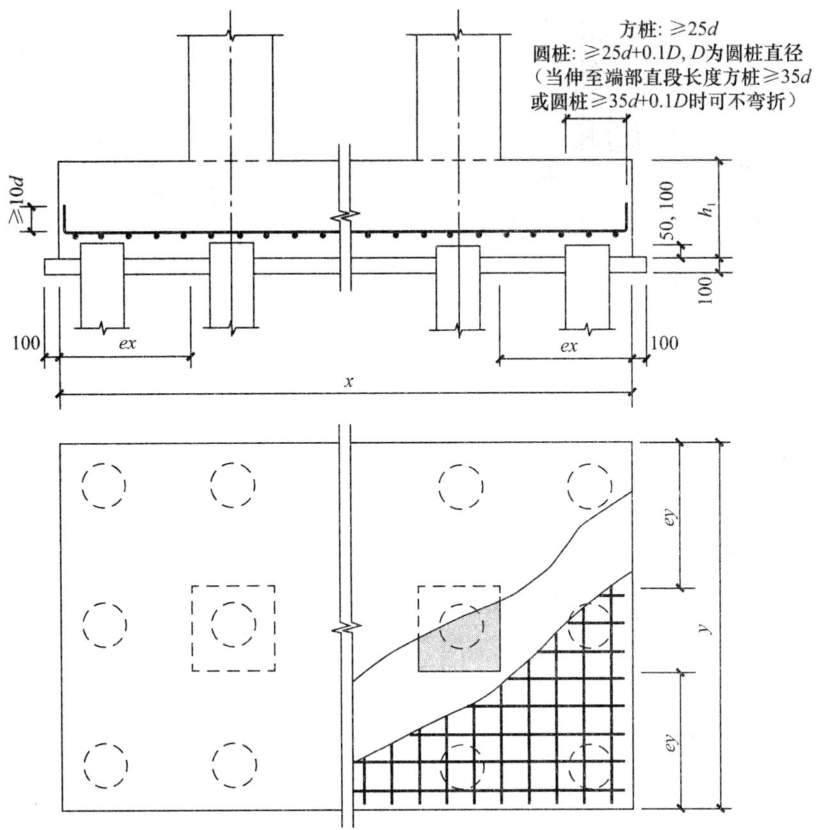

图 5-17　双柱联合承台底部与顶部配筋构造

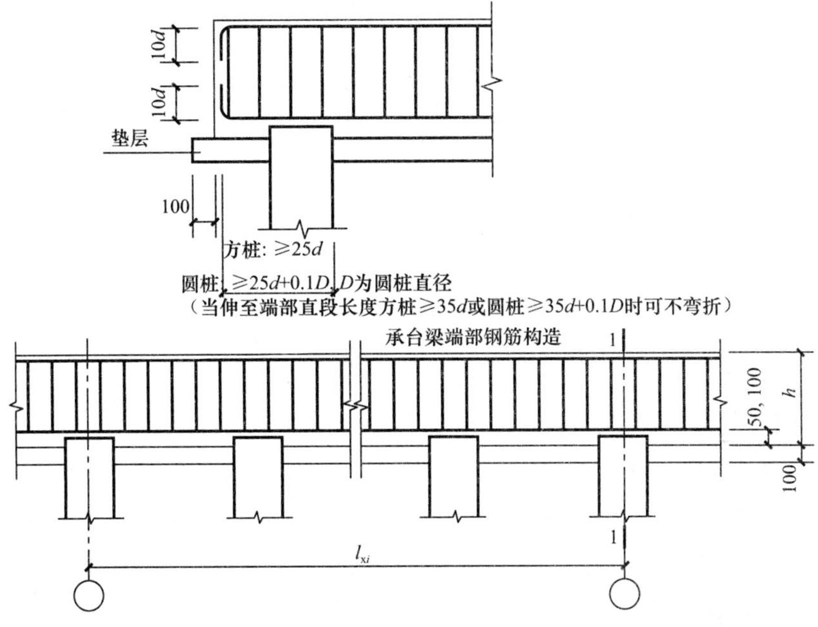

图 5-18　墙下单排桩承台梁 CTL 配筋构造（一）

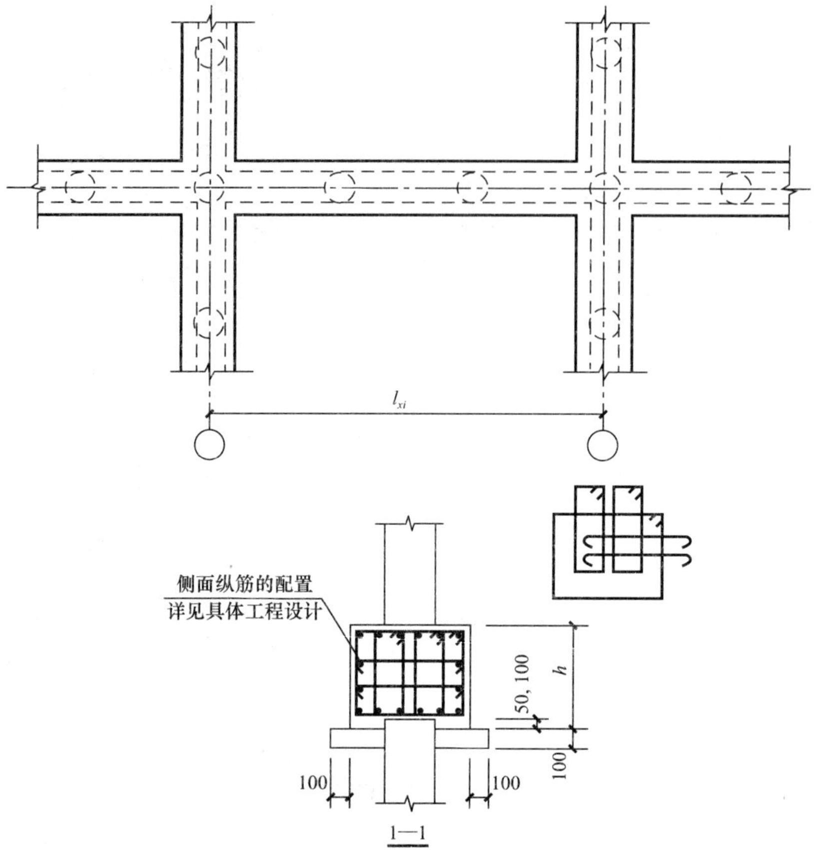

图 5-18　墙下单排桩承台梁 CTL 配筋构造（二）

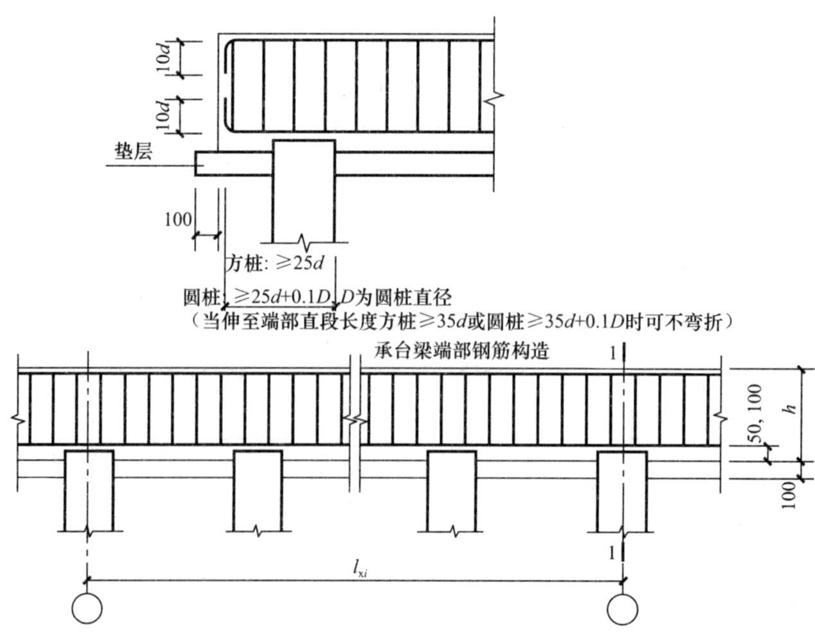

图 5-19　墙下双排桩承台梁 CTL 配筋构造（一）

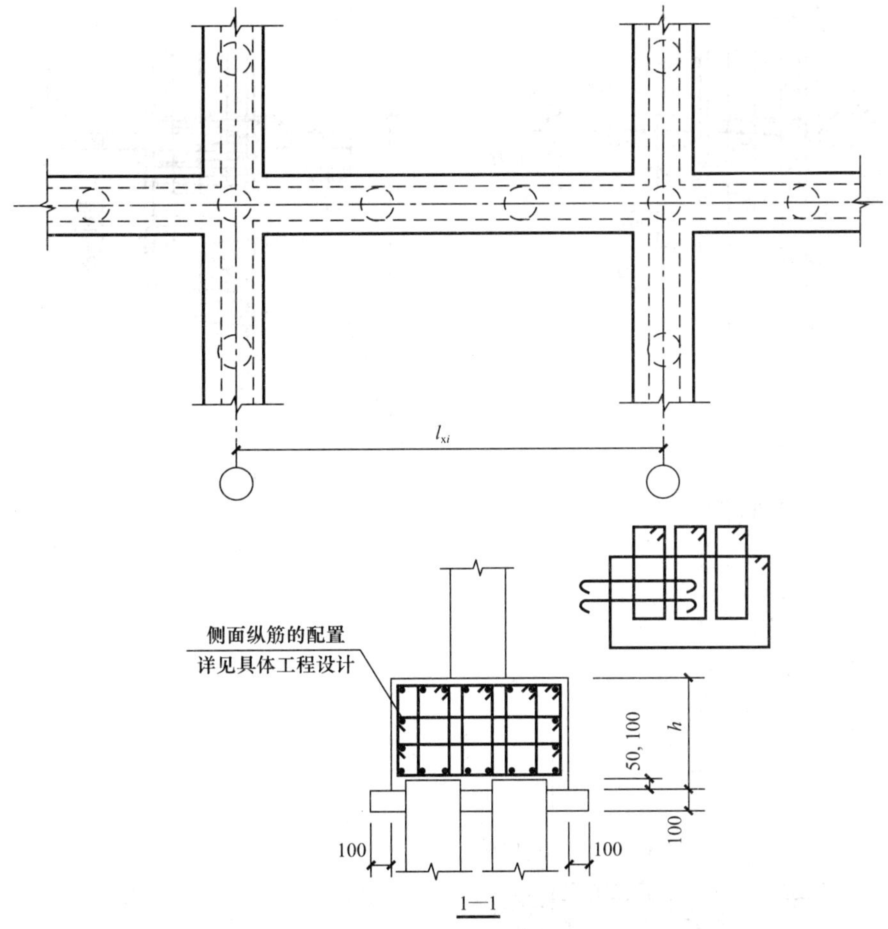

图 5-19　墙下双排桩承台梁 CTL 配筋构造（二）

（1）当桩直径或桩截面边长＜800mm 时，桩顶嵌入承台 50mm；当桩径或桩截面边长≥800mm 时，桩顶嵌入承台 100mm。

（2）拉筋直径为 8mm，间距为箍筋的两倍。当设有多排拉筋时，上下两排拉筋竖向错开设置。

17. 16G101 图集对灌注桩配筋构造如何规定的？

灌注桩配筋构造如图 5-20 所示。

（1）螺旋箍筋构造如图 5-21 所示。

（2）h 为桩顶进入承台高度，桩径＜800mm 时，取 50mm；桩径≥800mm 时，取 100mm。

（3）焊接加劲箍见设计标注，当设计未注明时，加劲箍直径为 12mm，强度等级不低于 HRB400。

（4）c 为保护层厚度；d 为桩内纵筋直径。

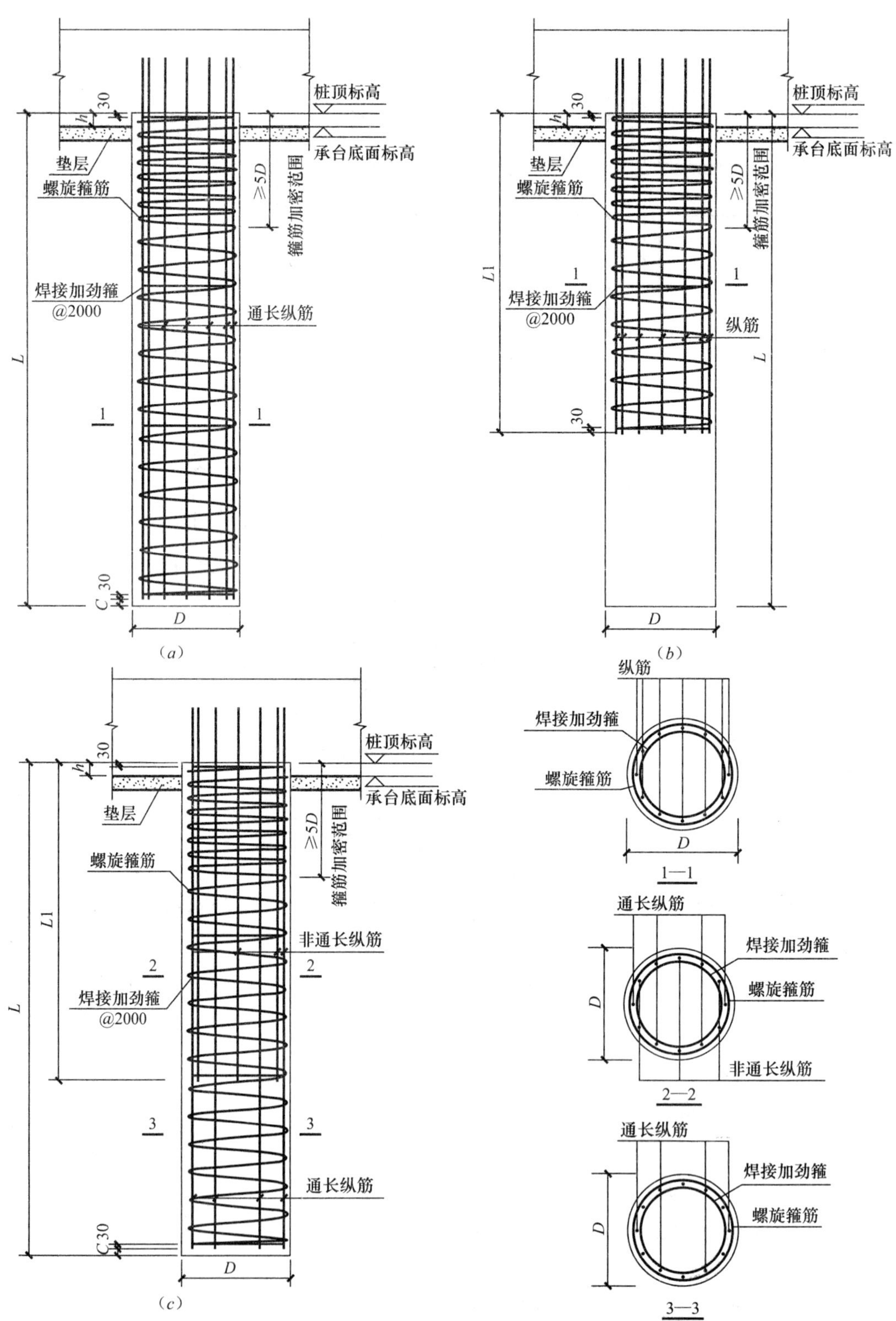

图 5-20 灌注桩配筋构造

(*a*) 灌注桩通长等截面配筋构造；(*b*) 灌注桩部分长度配筋构造；(*c*) 灌注桩通长变截面配筋构造

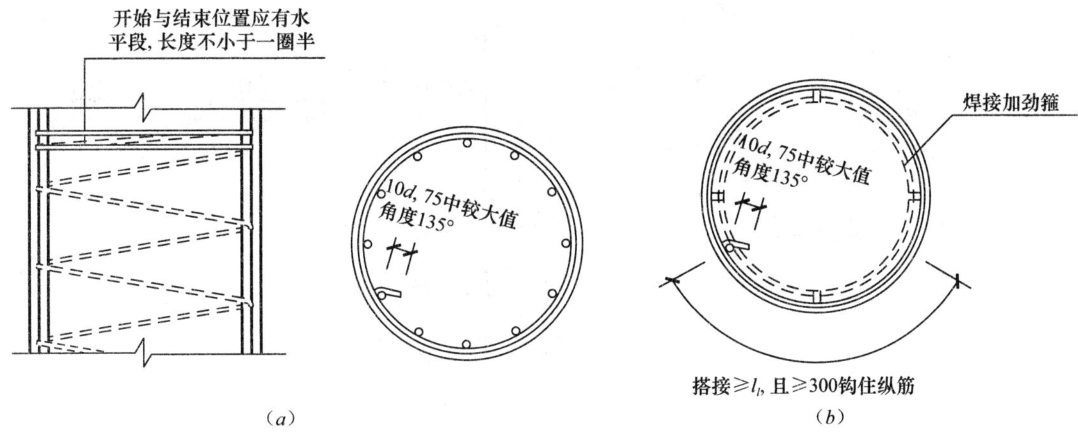

图5-21 螺旋箍筋构造

(a) 螺旋箍筋端部构造；(b) 螺旋箍筋搭接构造

18. 桩基础伸入承台内的连接构造是如何规定的？

（1）桩顶应设置在同一标高（变刚调平设计除外）。

（2）方桩的长边尺寸、圆桩的直径＜800mm（小孔径桩）及≥800mm（大孔径桩）时，桩在承台（承台梁）内的嵌入长度，小孔径桩不低于50mm，大孔径桩不低于100mm，如图5-22所示。

（3）桩纵向钢筋在承台内的锚固长度（抗压、抗拔桩，l_a、l_{ae}、35d、40d），《建筑桩基技术规范》(JGJ 94—2008)中规定不能小于35d；地下水位较高时设计的抗拔桩，还有单桩承载力试验时，这时一般要求不小于40d，如图5-22所示。

（4）大口径桩单柱无承台时，桩钢筋锚入大口径桩内，如人工挖孔桩要设计拉梁。

（5）当承台高度不满足直锚要求时，竖直锚固长度不应小于20d，并向柱轴线方向90°弯折15d。

（6）当桩顶纵筋预留长度大于承台厚度时，预留钢筋在承台内向四周弯成≥75°的方式处理，如图5-22所示。

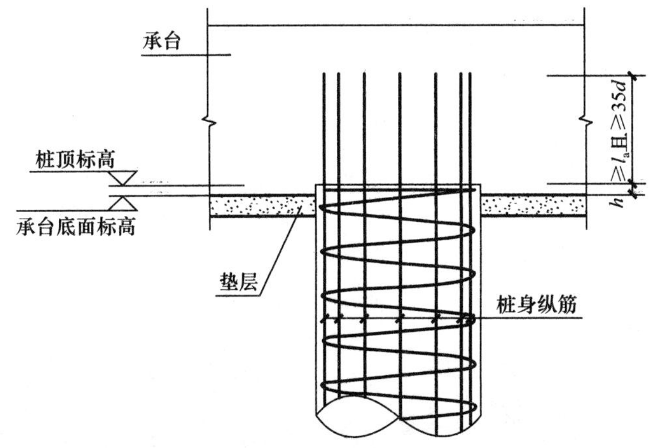

图5-22 桩顶与承台连接构造（一）

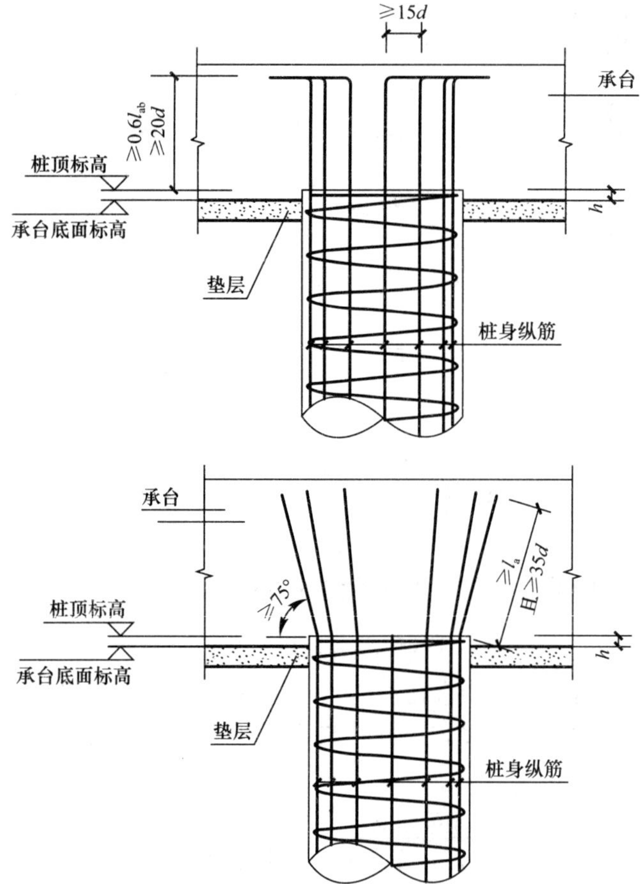

图 5-22　桩顶与承台连接构造（二）

第6章　基础相关构造

6.1　基础相关构造制图规则

1. 基础相关构件如何表示?

基础相关构造的平法施工图设计，系在基础平面布置图上采用直接引注方式表达。

基础相关构造类型与编号，按表6-1的规定。

基础相关构造类型与编号　　表6-1

构造类型	代号	序号	说明
基础连系梁	JLL	××	用于独立基础、条形基础、桩基承台
后浇带	HJD	××	用于梁板、平板筏形基础、条形基础等
上柱墩	SZD	××	用于平板筏形基础
下柱墩	XZD	××	用于梁板、平板筏形基础
基坑（沟）	JK	××	用于梁板、平板筏形基础
窗井墙	CJQ	××	用于梁板、平板筏形基础
防水板	FBPB	××	用于独立基础、条形基础、桩基加防水板

注：1. 基础连系梁序号：（××）为端部无外伸或无悬挑，（××A）为一端有外伸或有悬挑，（××B）为两端有外伸或有悬挑。

2. 上柱墩位于筏板顶部混凝土柱根部位，下柱墩位于筏板底部混凝土柱或钢柱柱根水平投影部位，均根据筏形基础受力与构造需要而设。

2. 后浇带的直接引注如何表达?

后浇带的平面形状及定位由平面布置图表达，后浇带留筋方式等由引注内容表达，包括：

（1）后浇带编号及留筋方式代号。留筋方式有两种，分别为：贯通和100%搭接。

（2）后浇带混凝土的强度等级C××。宜采用补偿收缩混凝土，设计应注明相关施工要求。

（3）后浇带区域内，留筋方式或后浇混凝土强度等级不一致时，设计者应在图中注明与图示不一致的部位及做法。

设计者应注明后浇带下附加防水层做法：当设置抗水压垫层时，尚应注明其厚度、材料与配筋；当采用后浇带超前止水构造时，设计者应注明其厚度与配筋。

后浇带引注见图6-1。

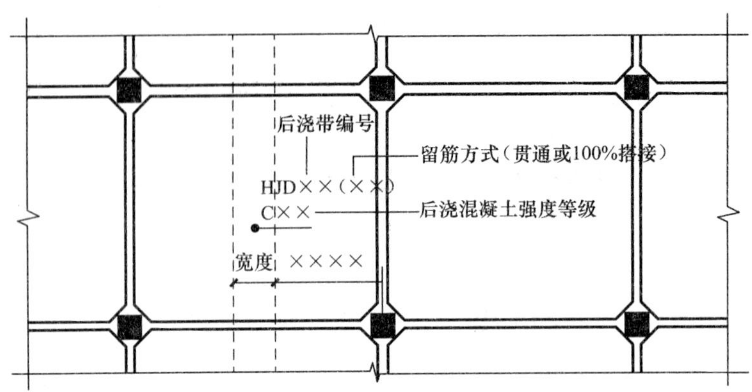

图 6-1 后浇带 HJD 引注图示

贯通留筋的后浇带宽度通常取大于或等于 800mm；100%搭接留筋的后浇带宽度通常取 800mm 与（l_l+60mm）的较大值。

3. 上柱墩的直接引注包括哪些内容?

上柱墩 SZD 系根据平板式筏形基础受剪或受冲切承载力的需要，在板顶面以上混凝土柱的根部设置的混凝土墩。上柱墩直接引注的内容规定如下：

（1）编号

注写编号 SZD××见表 6-1。

（2）几何尺寸

按“柱墩向上凸出基础平板高度 h_d/柱墩顶部出柱边缘宽度 c_1/柱墩底部出柱边缘宽度 c_2”的顺序注写，其表达形式为 $h_d/c_1/c_2$。

当为棱柱形柱墩 $c_1=c_2$ 时，c_2 不注，表达形式为 h_d/c_1。

（3）配筋

按“竖向（$c_1=c_2$）或斜竖向（$c_1\neq c_2$）纵筋的总根数、强度等级与直径/箍筋强度等级、直径、间距与肢数（X 向排列肢数 m×Y 向排列肢数 n)”的顺序注写（当分两行注写时，则可不用斜线“/”)。

所注纵筋总根数环正方形柱截面均匀分布，环非正方形柱截面相对均匀分布（先放置柱角筋，其余按柱截面相对均匀分布)，其表达形式为：××Φ××/φ××@×××。

棱台形上柱墩（$c_1\neq c_2$）引注见图 6-2。

棱柱形上柱墩（$c_1=c_2$）引注见图 6-3。

4. 下柱墩的直接引注包括哪些内容?

下柱墩 XZD，系根据平板式筏形基础受剪或受冲切承载力的需要，在柱的所在位置、基础平板底面以下设置的混凝土墩。下柱墩直接引注的内容包括：

（1）编号

见表 6-1。

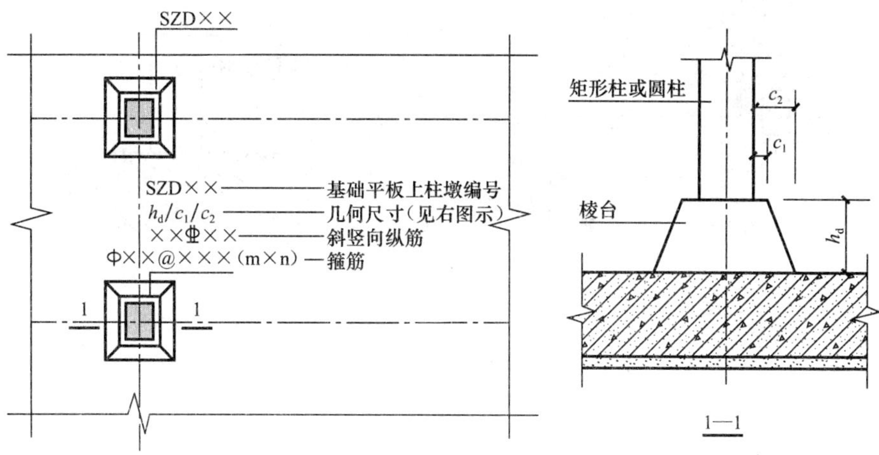

图 6-2　棱台形上柱墩引注图示

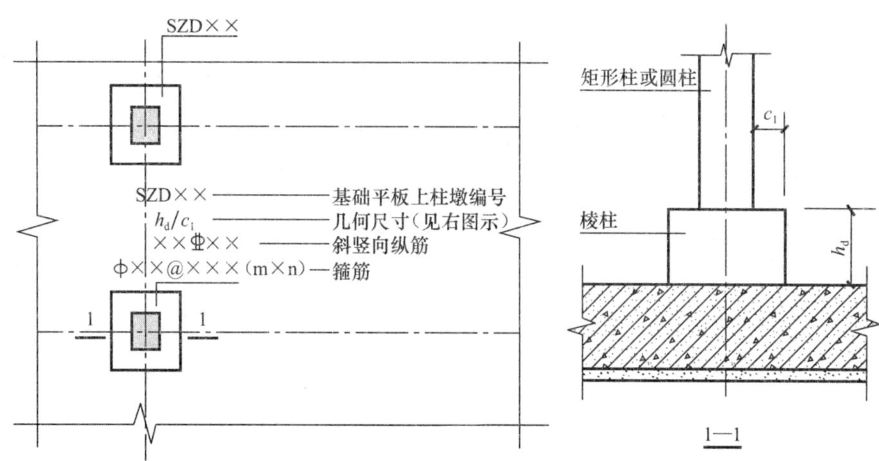

图 6-3　棱柱形上柱墩引注图示

（2）几何尺寸

按“柱墩向下凸出基础平板深度 h_d/柱墩顶部出柱投影宽度 c_1/柱墩底部出柱投影宽度 c_2”的顺序注写，其表达形式为 $h_d/c_1/c_2$。

当为倒棱柱形柱墩 $c_1=c_2$ 时，c_2 不注，表达形式为 h_d/c_1。

（3）配筋

倒棱柱下柱墩，按“X 方向底部纵筋/Y 方向底部纵筋/水平箍筋”的顺序注写（图面从左至右为 X 向，从下至上为 Y 向），其表达形式为：XΦ××@×××/YΦ××@×××/φ××@×××；倒棱台下柱墩，其斜侧面由两向纵筋覆盖，不必配置水平箍筋，则其表达形式为：XΦ××@×××/YΦ××@×××。

倒棱台形下柱墩（$c_1\neq c_2$）引注见图 6-4。

倒棱柱形下柱墩（$c_1=c_2$）引注见图 6-5。

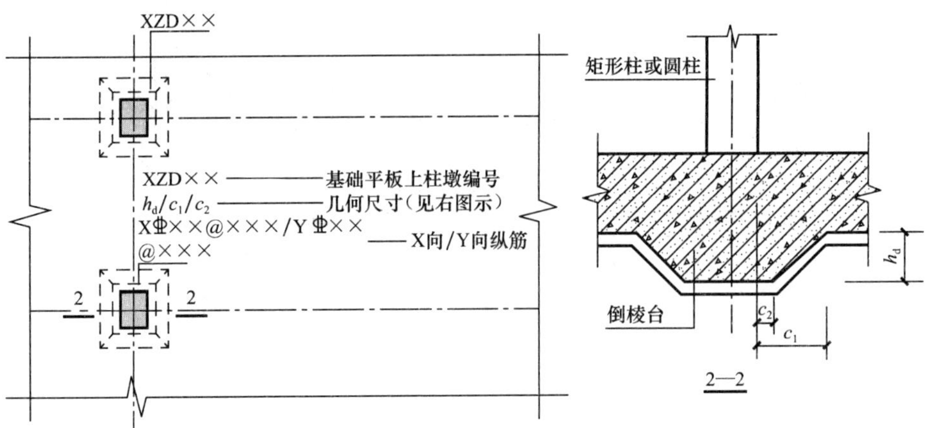

图 6-4 倒棱台形下柱墩引注图示

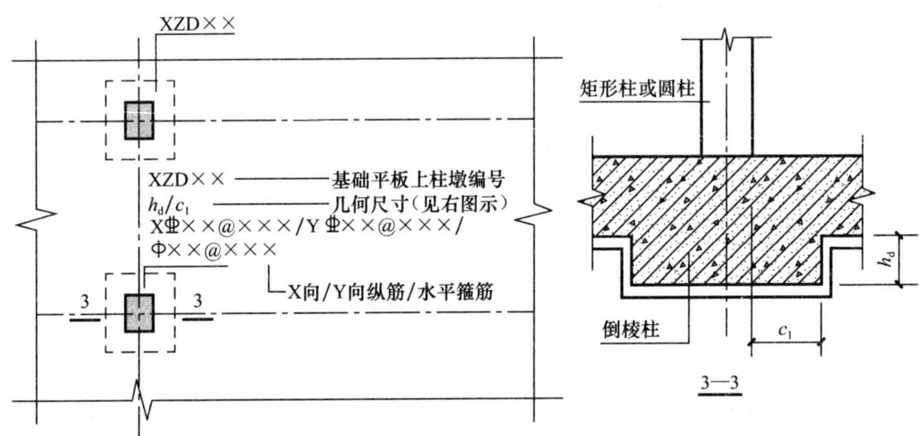

图 6-5 倒棱柱形下柱墩引注图示

5. 基坑的直接引注包括哪些内容?

(1) 编号

见表 6-1。

(2) 几何尺寸

按“基坑深度 h_k/基坑平面尺寸 $x \times y$”的顺序注写，其表达形式为：$h_k/x \times y$。x 为 X 向基坑宽度，y 为 Y 向基坑宽度（图面从左至右为 X 向，从下至上为 Y 向）。

在平面布置图上应标注基坑的平面定位尺寸。

基坑引注图示见图 6-6。

6. 16G101 图集对防水板平面注写集中标注做出哪些规定?

(1) 编号

注写编号 FBPB，见表 6-1。

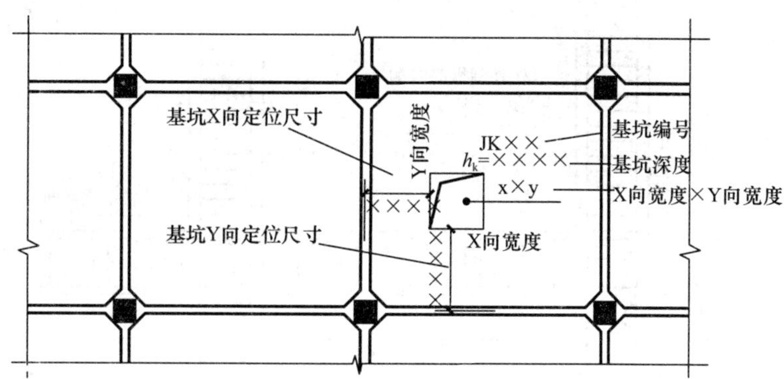

图 6-6　基坑 JK 引注图示

（2）截面尺寸

注写 h=×××表示板厚。

（3）底部与顶部贯通纵筋

按板块的下部和上部分别注写，并以 B 代表下部，以 T 代表上部，B&T 代表下部与上部；X 向贯通纵筋以 X 打头，Y 向贯通纵筋以 Y 打头，两向贯通纵筋配置相同时则以 X&Y 打头。

当贯通筋采用两种规格钢筋“隔一布一”方式时，表达为 ϕxx/yy@×××，表示直径 xx 的钢筋和直径 yy 的钢筋间距分别为×××的两倍。

（4）底面标高

当防水板底面标高与独立基础或条形基础底面标高一致时，可以不注。

6.2　基础相关构造平法识图

7. 如何进行基础连系梁配筋?

基础连系梁配筋构造如图 6-7 所示。

（1）基础连系梁的第一道箍筋距柱边缘 50mm 开始设置。

（2）图（b）中基础连系梁上、下部纵筋采用直锚形式时，锚固长度不应小于 l_a（l_{aE}），且伸过柱中心线长度不应小于 $5d$，d 为梁纵筋直径。

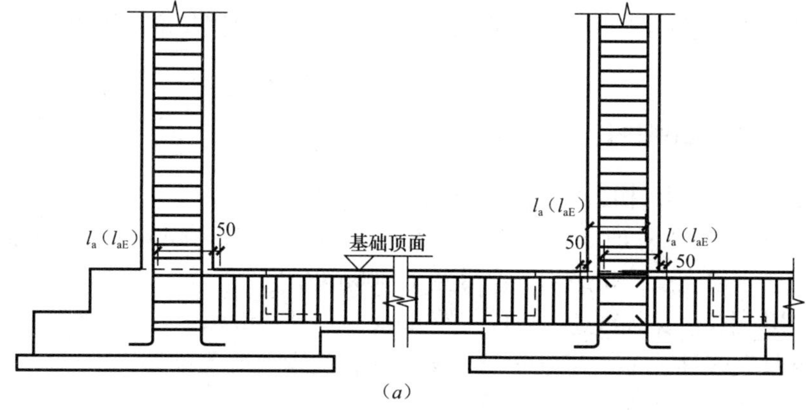

图 6-7　基础连系梁配筋构造（一）

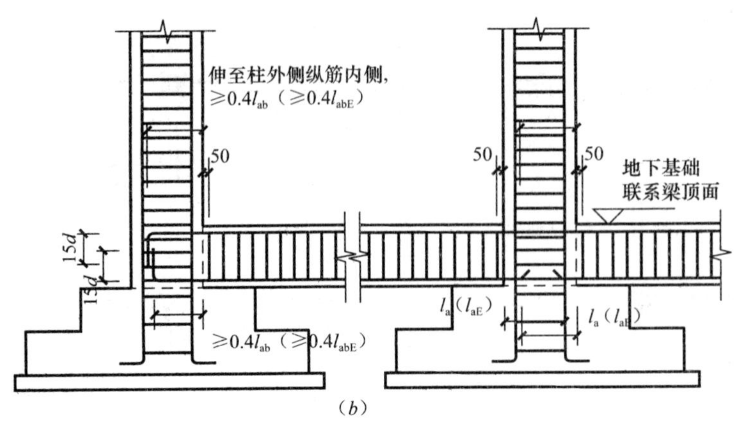

图 6-7　基础连系梁配筋构造（二）

（3）锚固区横向钢筋应满足直径≥$d/4$（d 为插筋最大直径），间距≤5d（d 为插筋最小直径）且≤100mm 的要求。

（4）基础连系梁用于独立基础、条形基础及桩基础。

（5）图中括号内数据用于抗震设计。

8. 16G101 对搁置在基础上的非框架梁怎样规定的?

搁置在基础上的非框架梁如图 6-8 所示。

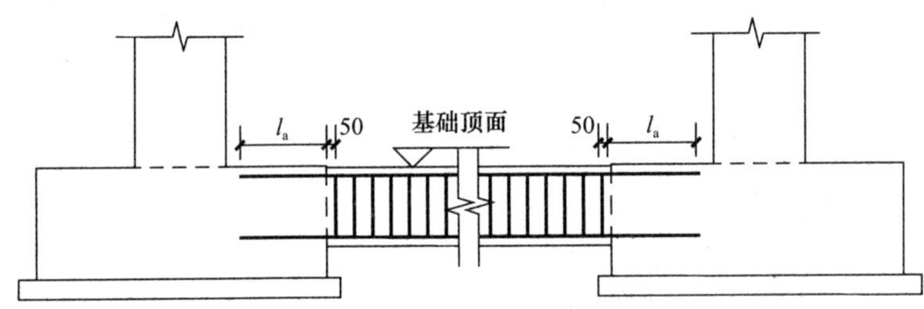

图 6-8　搁置在基础上的非框架梁

不作为基础连系梁；梁上部纵筋保护层厚度≤5d 时，锚固长度范围内应设横向钢筋。

9. 基础底板后浇带如何构造?

基础底板后浇带 HJD 构造如图 6-9 所示。

（1）图（a）中，“附加防水层”表面比原垫层表面低 50mm（后浇带混凝土加厚 50mm）。附加防水层宽度：每边比后浇带宽出 300mm。

（2）图（b）中，后浇带宽度≥（l_l+60mm）且≥800mm；板底部纵筋的搭接长度≥l_l；“附加防水层”表面比原垫层表面低 50mm（后浇带混凝土加厚 50mm）。附加防水层宽度：每边比后浇带宽出 300mm。

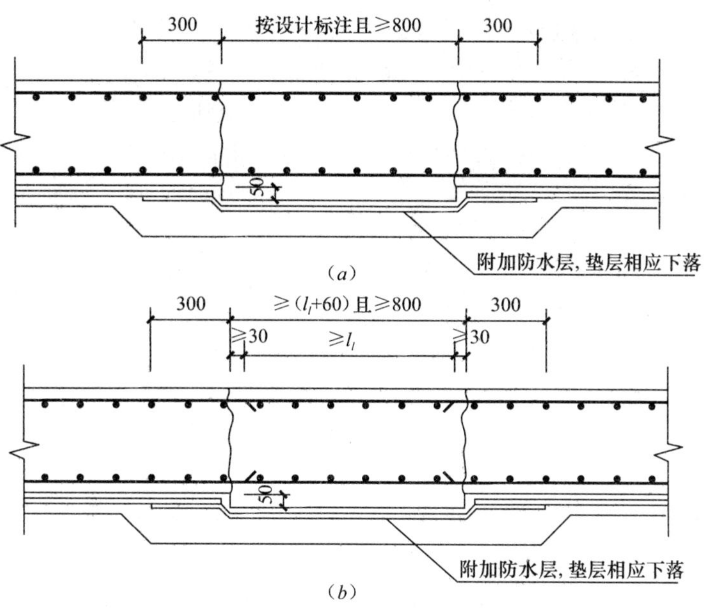

图 6-9 基础底板后浇带 HJD 构造

(*a*) 贯通留筋；(*b*) 100%搭接留筋

10. 如何进行基础梁后浇带构造?

基础梁后浇带构造如图 6-10 所示。

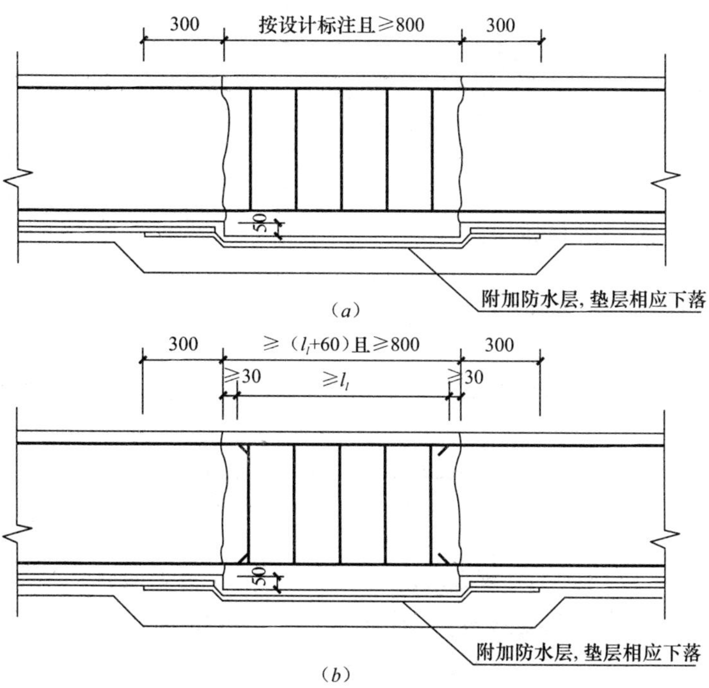

图 6-10 基础梁后浇带构造

(*a*) 贯通留筋；(*b*) 100%搭接留筋

（1）图（a）中，后浇带宽度按设计标注且≥800mm；“附加防水层”表面比原垫层表面低 50mm（后浇带混凝土加厚 50mm）。附加防水层宽度：每边比后浇带宽出 300mm。

（2）图（b）中，后浇带宽度≥（l_l＋60mm）且≥800mm；梁底部纵筋的搭接长度≥l_l；“附加防水层”表面比原垫层表面低 50mm（后浇带混凝土加厚 50mm）。附加防水层宽度：每边比后浇带宽出 300mm。

11. 后浇带下抗水压垫层如何构造?

后浇带 HJD 下抗水压垫层构造如图 6-11 所示。

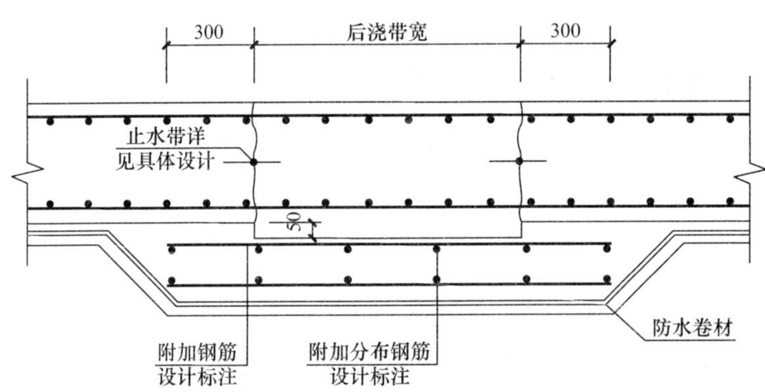

图 6-11　后浇带 HJD 下抗水压垫层构造

后浇带的断层上有止水带（“止水带详见具体设计”）；在防水卷材上面设置两层附加钢筋及附加分布筋（设计标注）；断面形状：与先前现浇的混凝土形成一个“基坑”似的模样。

12. 后浇带超前止水构造有哪些规定?

后浇带 HJD 超前止水构造如图 6-12 所示。

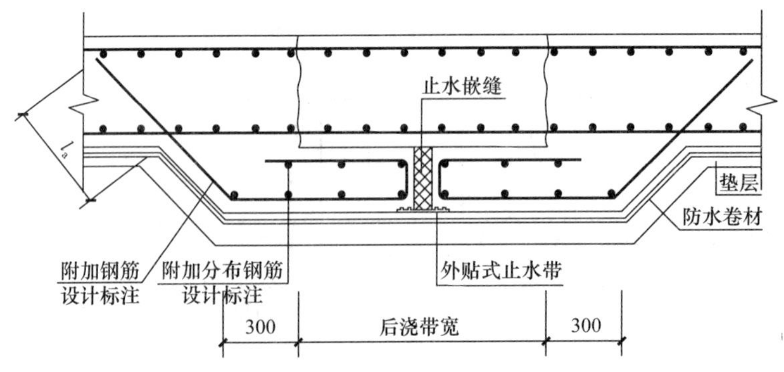

图 6-12　后浇带 HJD 超前止水构造

断面形状：与先前现浇的混凝土形成一个“基坑”似的模样；“坑底”最下面是垫层，（垫层之上）在两个斜坡和底面铺设防水卷材，在其上设置斜弯下到底平再上弯再回弯的附加钢筋及附加分布钢筋（设计标注），附加钢筋的斜边锚入基础板内“l_a”；在“坑底”两边的附加钢筋中缝有“止水嵌缝”，在止水嵌缝下压有“外贴式止水带”。

13. 怎样构造筏形基础电梯地坑、集水坑处等下降板的配筋？

参见图 6-13。

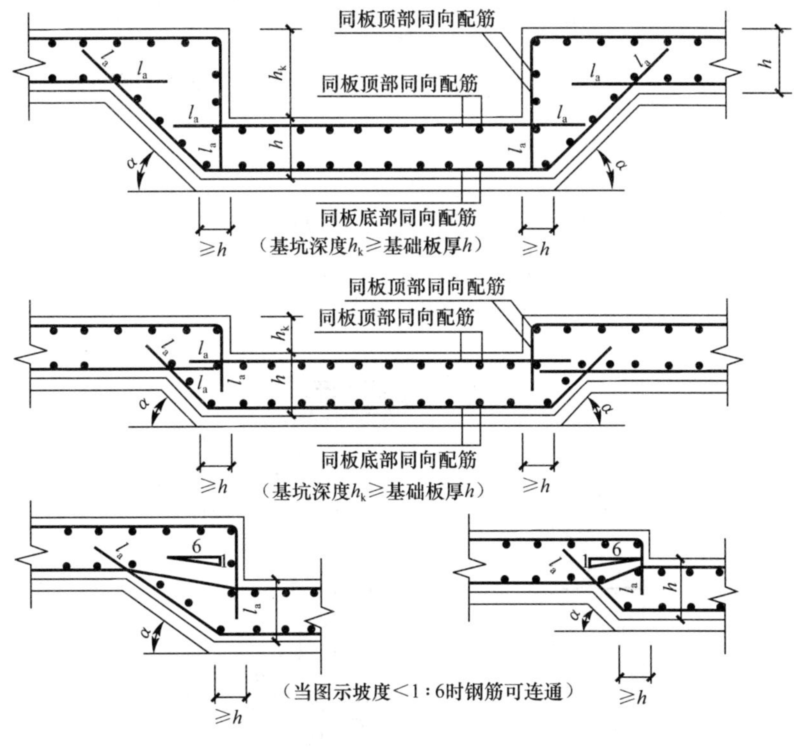

图 6-13 基坑 JK 构造

（1）坑底的配筋应与筏板相同，基坑同一层面两向正交钢筋的上下位置与基础底板对应相同，基础底板同一层面的交叉纵筋上下位置，应按具体设计说明。

（2）受力钢筋应满足在支座处的锚固长度，基坑中当钢筋直锚至对边$<l_a$时，可以伸至对边钢筋内侧顺势弯折，总锚固长度应$\geq l_a$。

（3）斜板的钢筋应注意间距的摆放，根据施工方便，基坑侧壁的水平钢筋可位于内侧，也可位于外侧。

（4）当地坑的底板与基础底板的坡度较小时，钢筋可以连通设置不必各自截断并分别锚固（坡度不大于 1∶6）。

（5）在两个方向配筋的交角处的三角形部位应增加附加钢筋（放射钢筋），在这个部位很多工程没有配置，只有水平钢筋，没有竖向钢筋，如图 6-14 所示。

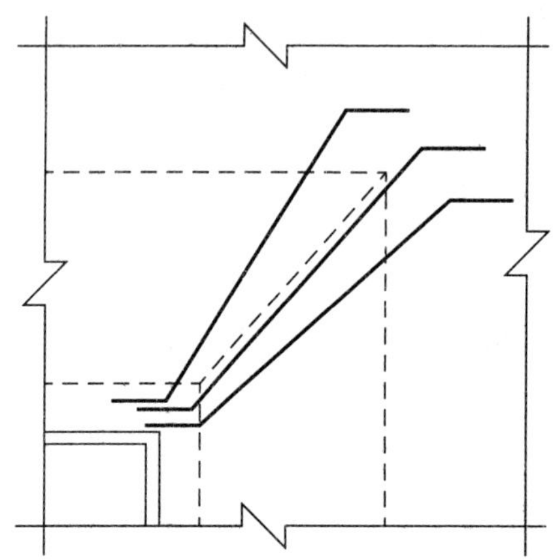

图 6-14　两个方向配筋交角处的三角形部位应增加附加钢筋

14. 上柱墩如何构造?

上柱墩 SZD 构造（棱台与棱柱形）如图 6-15 所示。

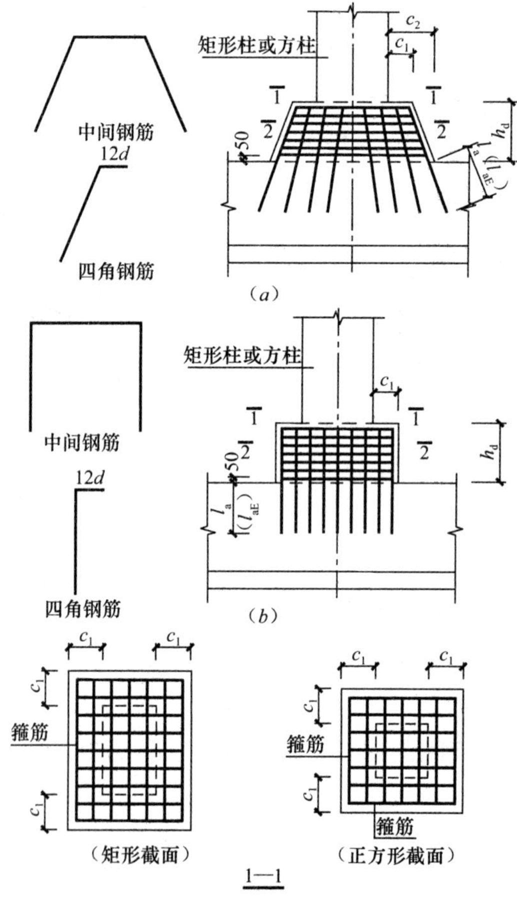

图 6-15　上柱墩 SZD 构造（棱台与棱柱形）(一)
(a) 棱台状上柱墩 SZD；(b) 棱柱状上柱墩 SZD

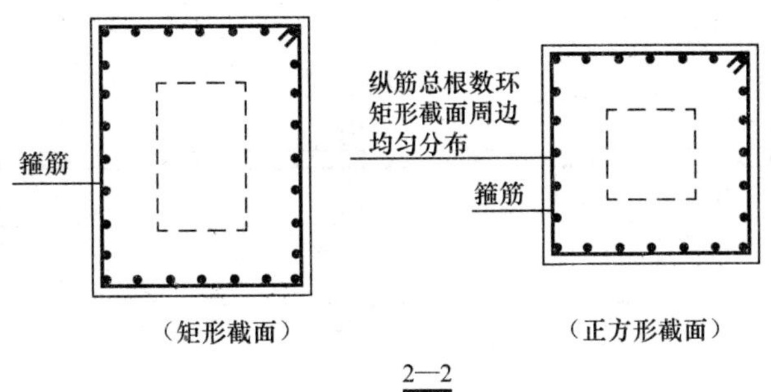

图 6-15　上柱墩 SZD 构造（棱台与棱柱形）（二）

（1）1-1 断面为网状配筋，2-2 断面仅外壁配筋。

（2）纵筋形状："中间钢筋"两个竖向和一个横向连续配筋；"四角钢筋"一个竖向在顶部弯折 12d。

（3）外壁箍筋：棱台为变箍，棱柱为不变箍。

（4）图中括号内数值用于抗震设计。

15. 下柱墩如何构造?

下柱墩 XZD 构造（倒棱台与倒棱柱形）构造如图 6-16 所示。

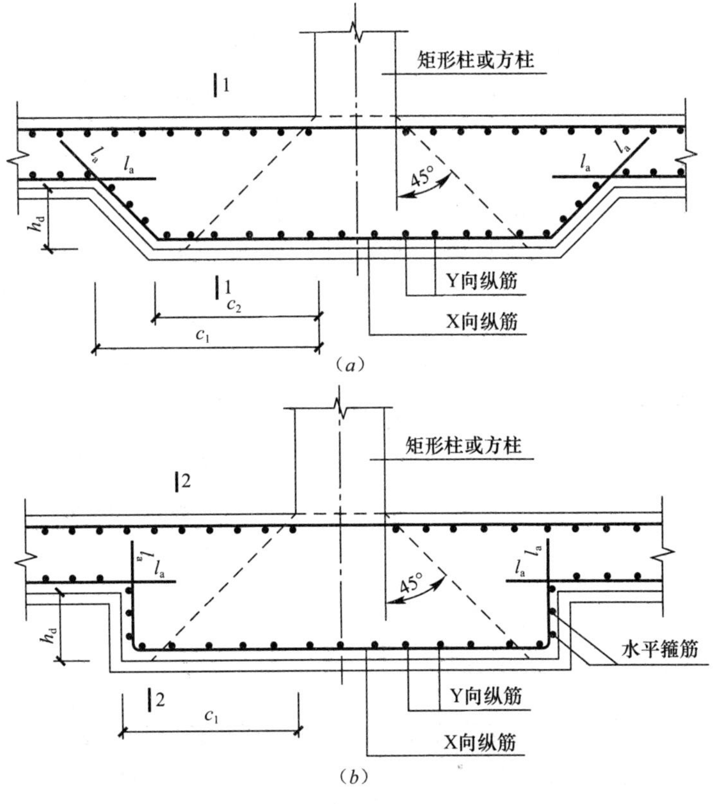

图 6-16　下柱墩 XZD 构造（倒棱台与倒棱柱形）构造（一）
（a）柱墩为倒棱台形；（b）柱墩为倒棱柱形

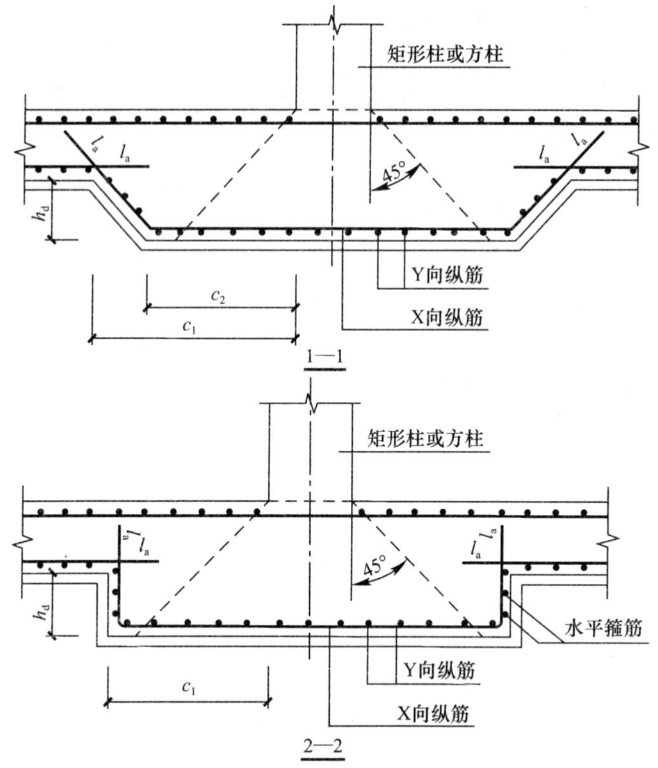

图 6-16 下柱墩 XZD 构造（倒棱台与倒棱柱形）构造（二）

当纵筋直锚长度不足时，可伸至基础平板顶之后水平弯折。

16. 防水底板与各类基础如何连接？

防水底板 JB 与各类基础的连接构造如图 6-17 所示。

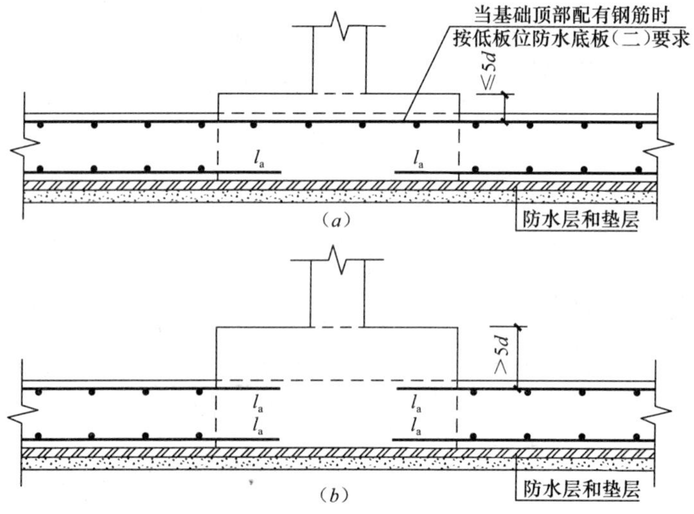

图 6-17 防水底板 JB 与各类基础的连接构造（一）

（*a*）低板位防水底板（一）；（*b*）低板位防水底板（二）

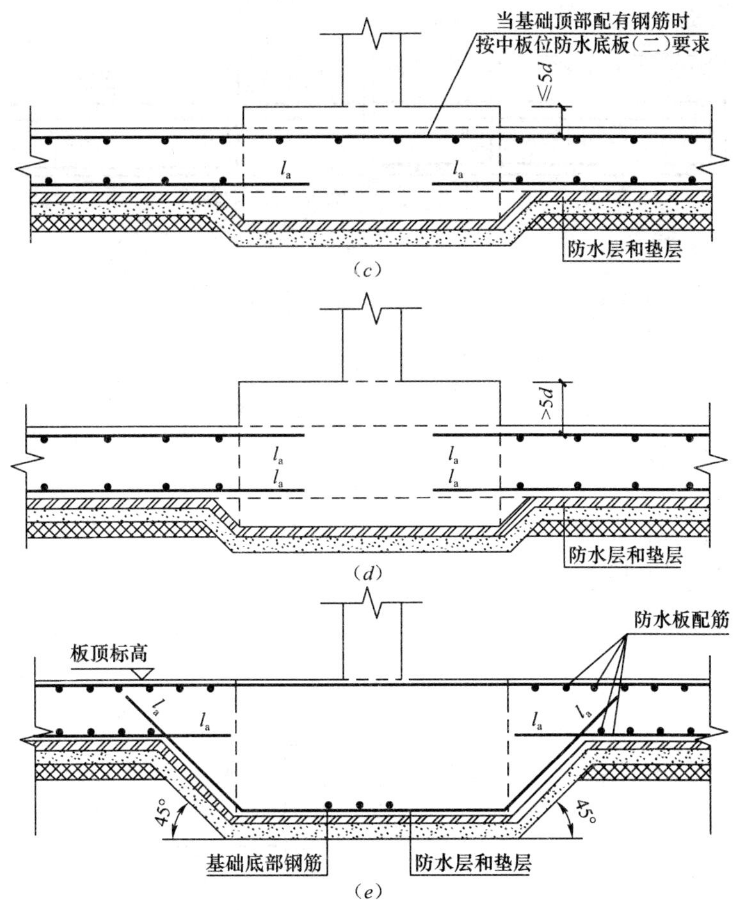

图 6-17 防水底板 JB 与各类基础的连接构造（二）

(c) 中板位防水底板（一）；(d) 中板位防水底板（二）；(e) 高板位防水底板

(1) 图 (*a*)，基础顶面到底板顶面的距离不大于 $5d$，防水底板顶部纵筋贯穿基础，当基础顶部配有钢筋时，按低板位防水底板（二）要求。底部纵筋锚入基础 l_a。

(2) 图 (*b*)，基础顶面到底板顶面的距离大于 $5d$，防水底板顶部纵筋、底部纵筋均锚入基础 l_a。

(3) 图 (*c*)，基础顶面到底板顶面的距离不大于 $5d$，防水底板顶部纵筋贯穿基础，当基础顶部配有钢筋时，按中板位防水底板（二）要求。底部纵筋锚入基础 l_a。

(4) 图 (*d*)，基础顶面到底板顶面的距离大于 $5d$，防水底板顶部纵筋、底部纵筋均锚入基础 l_a。

(5) 图 (*e*)，防水底板顶部纵筋贯穿基础，底部纵筋与基础底部附加的斜钢筋互锚 l_a。

17. 窗井墙如何配筋？

窗井墙 CJQ 配筋构造如图 6-18 所示。

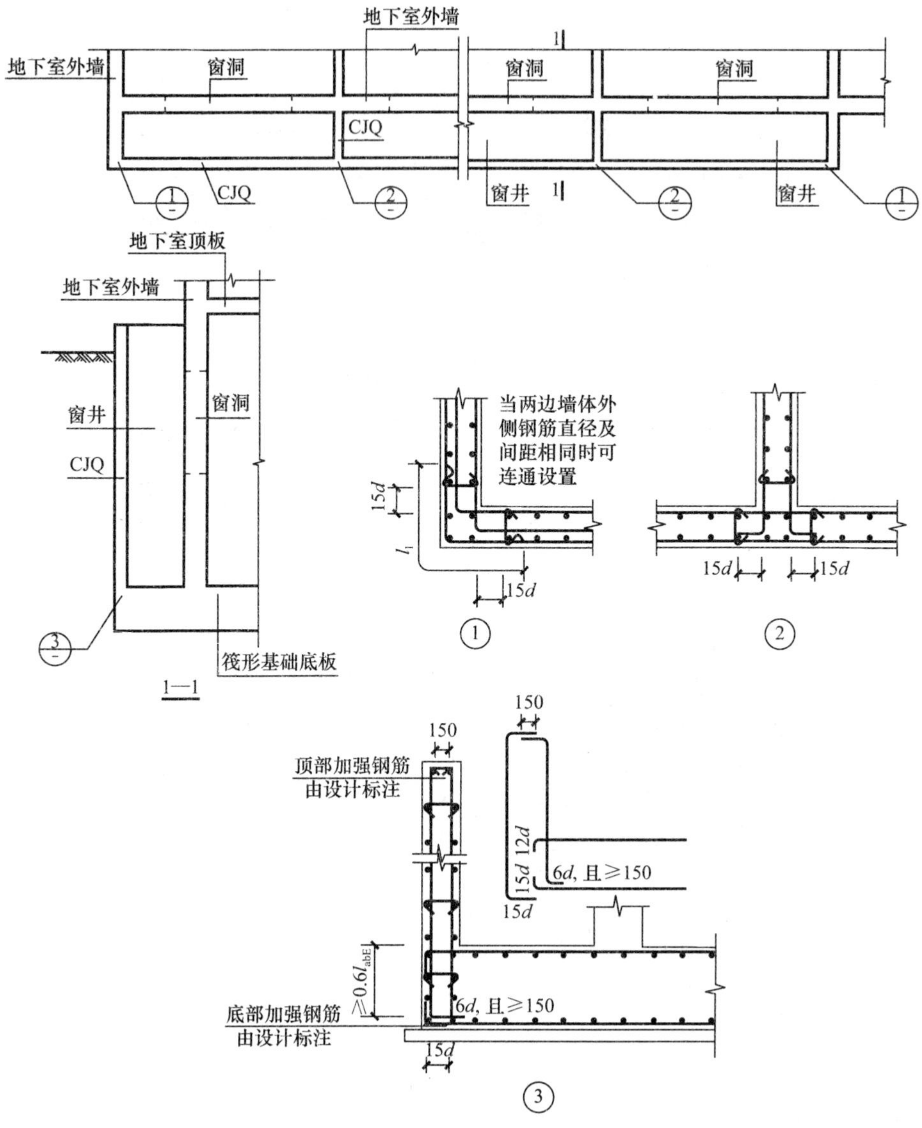

图 6-18 窗井墙 CJQ 配筋构造

① 节点：当两边墙体外侧钢筋直径及间距相同时可连通设置，内侧水平筋弯钩 15d。

② 节点：翼墙，水平筋弯钩 15d。

③ 节点：立剖面，外侧竖向筋与内侧竖向筋在顶部搭接 150mm；竖向筋锚入底板≥0.6l_{ab}，外侧筋弯钩 15d，内侧筋弯钩 6d 且≥150mm；顶（底）部加强钢筋由设计标注。

参 考 文 献

[1] 中国建筑标准设计研究院. 16G101-3 混凝土结构施工图平面整体表示方法制图规则和构造详图（独立基础、条形基础、筏形基础、桩基础）[S]. 北京：中国计划出版社，2016.

[2] 国家标准.《中国地震动参数区划图》GB 18306—2015 [S]. 北京：中国标准出版社，2016.

[3] 国家标准.《建筑地基基础设计规范》GB 50007—2011 [S]. 北京：中国计划出版社，2012.

[4] 国家标准.《混凝土结构设计规范（2015 年版）》GB 50010—2010 [S]. 北京：中国建筑工业出版社，2015.

[5] 国家标准.《建筑抗震设计规范》GB 50011—2010 [S]. 北京：中国建筑工业出版社，2010.

[6] 国家标准.《建筑结构制图标准》GB/T 50105—2010 [S]. 北京：中国建筑工业出版社，2011.

[7] 国家标准.《地下工程防水技术规范》GB 50108—2008 [S]. 北京：中国计划出版社，2009.

[8] 行业标准. 《高层建筑混凝土结构技术规程》JGJ 3—2010 [S]. 北京：中国建筑工业出版社，2010.

[9] 行业标准.《建筑桩基技术规范》JGJ 94—2008 [S]. 北京：中国建筑工业出版社，2008.

[10] 张军. 11G101 图集精识快算——独立基础、条形基础、筏形基础 [M]. 江苏：江苏科学技术出版社，2013.

[11] 李守巨. 11G101 图集应用问答系列——平法钢筋识图与算量 [M]. 北京：中国电力出版社，2014.

[12] 上官子昌. 11G101 图集应用——平法钢筋图识读 [M]. 北京：中国建筑工业出版社，2012.

[13] 高竞. 平法结构钢筋图解读 [M]. 北京：中国建筑工业出版社，2009.

[14] 栾怀军，孙国皖. 平法钢筋识图实例精解 [M]. 北京：中国建材工业出版社，2015.